U0189479

机器人之梦

智能机器时代的
人类未来

[意]达里奥·弗洛雷亚诺（Dario Floreano）
[意]尼古拉·诺森戈（Nicola Nosengo）　◎著

李小霞◎译

TALES FROM
A ROBOTIC WORLD

How Intelligent Machines
Will Shape Our Future

中国科学技术出版社
·北 京·

Tales from a Robotic World: How Intelligent Machines Will Shape Our Future
by Dario Floreano, Nicola Nosengo, ISBN: 9780262047449
© 2022 Massachusetts Institute of Technology
Simplified Chinese translation copyright © 2025 by China Science and Technology Press
Co., Ltd.
All rights reserved.
北京市版权局著作权合同登记 图字：01-2024-4132

图书在版编目（CIP）数据

机器人之梦：智能机器时代的人类未来 / (意) 达
里奥・弗洛雷亚诺 (Dario Floreano), (意) 尼古拉・
诺森戈 (Nicola Nosengo) 著；李小霞译 . -- 北京：
中国科学技术出版社 , 2025. 3. -- ISBN 978-7-5236
-1199-9

Ⅰ . TP242.6

中国国家版本馆 CIP 数据核字第 2024QT6585 号

策划编辑	刘 畅 屈昕雨		责任编辑	孙倩倩
封面设计	仙境设计		版式设计	蚂蚁设计
责任校对	张晓莉		责任印制	李晓霖

出 版	中国科学技术出版社
发 行	中国科学技术出版社有限公司
地 址	北京市海淀区中关村南大街 16 号
邮 编	100081
发行电话	010-62173865
传 真	010-62173081
网 址	http://www.cspbooks.com.cn

开 本	880mm × 1230mm 1/32
字 数	245 千字
印 张	10.125
版 次	2025 年 3 月第 1 版
印 次	2025 年 3 月第 1 次印刷
印 刷	北京盛通印刷股份有限公司
书 号	ISBN 978-7-5236-1199-9/TP・507
定 价	69.00 元

前　言

　　请环顾四周。你有没有看到机器人？如果你生活在一个富裕的国家，你的回答很可能是："有的。我看到了——智能扫地机。"在你读到这本书时，你的房间里可能会有台式电脑、智能手机、平板电脑、电视机、语音助手，以及其他科技产品。不过，你身边除了扫地机，可能没有其他可以称得上是机器人的东西了。

　　然而，机器人其实无处不在。2008 年，比尔·盖茨（Bill Gates）在科普杂志《科学美国人》（*Scientific American*）的一篇封面文章中就预言，机器人将很快进入每个家庭，正如数年前个人电脑迅速进入每个家庭一样。[1] 自那篇文章之后，无数的新闻都在告诉我们，对人类友好的、可以协同工作的人形机器人很快就会在我们的家中充当保姆，在酒吧里充当管家。我们还听到了这样的承诺：我们可以安排这些智能机器人去我们不愿意去的地方做事，而它们完全能自己思考，并且知道该怎么做。

　　我们不断看到机器人革命即将到来的迹象。几年来，我们一直被波士顿动力公司（Boston Dynamics）发布的每一条新视频所震撼。这家美国公司生产的人形机器人以及机器狗能做出各种各样的特技动作：在雪地里行走、跳舞、跑酷、体操，动作自然流畅，令人印象深刻。埃隆·马斯克（Elon Musk）在 2021 年夏天宣布，他计划制造特斯拉人形机器人（Teslabot）。从他的讲述来看，这似乎很容易。不管怎么说，特斯拉以及其他公司制造的自动驾驶汽车其实就是有轮子的机器人。尽管各地尚未全面部署无人驾驶汽车，但它们的发展正在加速推进传感器、神经网络以及实时收集数据的决策算法的进化过程。有趣的是，特斯拉并不是唯一一家进军机器人领域的汽车制造商。2021年，现代汽车集团（Hyundai）收购了波士顿动力公司。马斯克认为，目前的技术已经成熟，至少可以制造出人形机器人的原型，可以走出你的家门，去杂货店拿走你想要采购的物品。马斯克似乎在暗示，如果这个技术还没有成熟的话，那是因为还没有人在这个问题上付出足够多的努力，或者投入足够多的资金。

马斯克的可回收火箭将宇宙飞船送上了太空，他还让电动汽车变得又便宜又酷炫，鉴于他擅长在别人屡屡失败的地方取得成功的历史，我们理应认真地对待他关于机器人的说法。而且，波士顿动力公司的视频也的确令人印象深刻。尽管这些声明和演示暗示出这一点，但在机器人走进家庭、街道和城市之前，在你的房间里到处都是随时候命的机器人之前，在你能像使用智能手机一样与机器人轻松互动之前，我们仍然有很多工作要做。

这些机器人尚未普及是有原因的。其原因被许多人忽视了，包括十五年前的比尔·盖茨，那就是：为了制造机器人，我们不仅需要计算能力不断增长，各类组件不断小型化，以及应用在计算机、智能手机和智能可穿戴设备上的各种工程魔法；我们还需要一门全新的科学。坏消息是：形成一门新科学需要很长的时间。好消息是：这种新科学正在世界各地的几十个实验室中发生——这就是我们在这本书中要讲述的故事。

在你的家里没有或者只有很少的机器人，并不意味着在你的家之外就没有机器人。如果没有机器人，现代制造业将不可想象：到 2020 年底，全球的工厂中有 300 多万工业机器人投入使用，其中 32% 的工业机器人买家都是汽车制造商。[2] 机器人不断出现在新的应用和新的市场中，从物流到监控，从外科手术到农业技术，无所不在。无人机可以监控种植园并指导收割。在为电子商务提供服务的大型仓库中，一队队轮式机器人日夜不停地搬运着货物，大型机器人则在自动化港口的货船上装卸集装箱。2020 年，人们购买了超过 1900 万台机器人供家庭和个人使用，只不过我们称它们为扫地机或割草机。[3] 机器人现在能在火星上漫游、钻探、飞行，当然它们大多是由地球上的人类远程驾驶的。

大多数机器人，主要是我们能买到的那些机器人，内嵌的是它们将要替代的那些设备的技术；因此，这些机器人对周围环境的了解很有限，自主决策能力也很有限。你不能告诉或者指示它们该怎么做。你只能去具体规划它们的动作，最好的情况也不过是从应用程序中选择预先规划好的动作。与个人电脑不同的是，它们并不是通用机器：它们也许能很好地完成一件事，但无法轻松地切换到哪怕是稍有不同的任务。让它们一遍又一遍地重复同样的动作，它们能做得相当出色。但如果让它们即兴发挥，从经验中学习，获得人类的信任，结果只会是一团糟。换句话说，机器人只能在某些方面非常出色，但在其他方面都非常糟糕。更糟糕的是，它们往往在我们（甚至比我们更简单的动物）毫不费力就能做到的事情上做得很糟糕。例如，在 2011 年，当一场毁灭

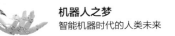

性的地震和海啸袭击日本，导致福岛核电站发生灾难时，机器人的这些局限性就变得格外明显。日本曾号称是机器人超级大国，在灾难发生时曾尝试派机器人代替人类去检查核事故现场，结果却发现它们根本无法胜任这项任务。还差得远呢。

然而，我们也不妨想一想，如果只是把机器人做得更像生物一些，那么它们究竟能为我们做什么？能解决什么问题？能为我们承担什么风险？能前往什么样的地方？例如，它们能不能理解它们看到的东西是什么含义、有什么功能，它们能不能像其他人或者宠物那样与我们互动，或者，它们能不能像人类或者动物群体那样，自主与其他机器人配合执行那些无法单独完成的任务。如果能的话，那么我们会用这些机器人建设一个怎样的世界？

在本书中，我们想象出那样一个世界，并讲述目前在世界各地的实验室里正在酝酿的故事。在那些头脑聪慧、深谋远虑的科学家和工程师的帮助下，我们想象的那个世界正在成为可能。

书中的每一章都围绕着一个虚构的故事展开，其背景设定在几十年后的未来；这些虚构的故事与非虚构的研究叙述不断交叉，为未来铺平道路。在开始阅读这些未来故事之前，读者需要先了解一些事情。首先，我们不是小说家；机器人和人工智能领域的科幻文学是艾萨克·阿西莫夫（Isaac Asimov）、菲利普·K.迪克（Philip K. Dick）和伊恩·麦克尤恩（Ian McEwan）这类科幻大师所擅长的，我们从没有什么野心想和他们一争高下。相反，我们希望用虚构小说的方式帮助读者去看到更宏大的图景，去理解当今机器人研究的利害关系。其次，我们并不试图预测未来，也不会像一个真正的小说家那样让想象力肆无忌惮地自由驰骋。书中的每个故事都充满想象力，引发读者对背后科学技术的兴趣，同时基于当前的科学和工程现实进行描写。如果一切进展顺利，如果机器人专家的所有努力都如预期的那样获得回报，从理论上讲，书中描述的场景在特定的时间框架内，就是可能实现的。最后，和书中非虚构部分的内容一样，所有虚构的故事在很大程度上也要归功于全球机器人技术社区的共同工作，它们都是基于我们和同行在各种会议、出版物以及非正式讨论中分享的各种创意和愿景创作而成的。

本书所讲述的机器人技术有着光明的未来，但其发展历史相对较短。因此，在我们开始讲述故事之前，有必要对其进行总结。

机器人技术（robotics），也叫机器人学，其历史大致可以分为三个阶段。它最初起始于20世纪六七十年代，当时，人们认为机器人就是在劳动密集型行业中，能够自动重复人类工作的机器。工业机器人无论在过去还是现在都因其高精度、高韧性、强大的动力和速度而备受推崇。在第二次世界大战后的头十年里，工业机器人终于能在更大范围内生产出质量更好、价格更低的产品，将人类从艰苦和危险的工作中解脱出来。在过去的几十年里，工业机器人的自动化能力不断提高，并在各种密集型的生产、精炼、组装和包装商品的行业中得到了应用。根据国际机器人联合会（International Federation of Robotics，IFR）的数据，2020年，全球工厂中的工业机器人的安装量增长了13%，达到了创纪录的300万台。[4] 这些机器人大多速度快、力量强大，必须锁定在固定位置上工作，以免伤害到人类。虽然许多机器人都

装有传感器来调整自身的移动方式（例如，能够精确定位的螺丝起子头），但它们都不是为应对不可预见的情况和自主决策而设计的。

在 20 世纪 70 年代，人们进行了早期尝试，将工业机器人的控制方法扩展到可以在不受限制的环境中进行自主运动，结果导致它们的动作变得十分缓慢而笨拙，只有在非常简单和受控的环境中才能有效工作。为了计划下一步行动，它们要忙着建立并不断更新关于周围环境的数学模型，而这样的计算只有在简单的环境和行动中才行得通。这些机器人体积庞大，计算能力有限，需要复杂的数学和工程技能来形成人工智能。

大约二十年后，也就是 20 世纪 90 年代初，情况发生了变化。当时，新兴的个人电脑和配件产业使编程语言变得非常普及，这让小型电子元件、传感器、电机和计算芯片实现了商业化，价格也低到了人们可以承受的程度。这就进入了机器人技术的第二个阶段。新一代可编程小型机器人，主要是轮式机器人，开始出现在世界各地大学的计算机科学和机械工程院系中。当时，一些计算机科学家对机器人的传统控制方法的适用性提出了疑问，认为机器人不必在不可预见和不断变化的环境中运行。由认知科学家、神经科学家、动物行为学家和哲学家共同组成的研究团队声称，智能行为就是机器人和环境之间的相互作用触发的一些简单的刺激–反应行为并行激活的结果。根据这些科学家的说法，无论是动物也好，机器人也好，只需要一套合适的感知运动反应就可以了，比如"如果检测到右侧有障碍，就向左转""如果检测到亮光，就向相应的方向行驶""如果十秒内没有感受到刺激，

就进行随机运动"，并不需要建立并不断更新复杂的数学模型和
行动计划。

罗德尼·布鲁克斯（Rodney Brooks）是麻省理工学院的教
授，也是这种人工智能新方法最著名的倡导者之一。他提出了一
种"基于行为"的编程语言，通过这种语言，机器人可以根据需
要不断地更新硬件和行为。还有些研究人员求助于人工神经网络；
人工神经网络在当时刚刚兴起，可以将传感器和马达连接起来，
让机器人像生物系统一样学习和进化。这是一段思维活动碰撞激
烈的时期，至今仍在推动着许多机器人的研究。人们关于机器人
的机械设计和智能研究常常受到大自然的启发，生物学家开始将
生命系统的行为模型应用到机器人上。这些生物学灵感通常源于
昆虫和生物结构相对简单的脊椎动物，它们的行为复制起来十分
简单。人们重视的是这些机器人在不可预见和不断变化的环境中
表现出的工作能力、适应性、快速反应和行为自主性，而不是它
们的预判能力。这种方法引发了轮式机器人走向商业化，这些机
器人可以打扫房屋，修剪草坪，在医院运输食物，在工业厂房巡
逻；我们可以用无人机拍摄令人惊叹的航拍照片，监测农田，检
查工业基础设施；我们还能用水下机器人调查海洋污染，并协助
保护海洋生物。

自此，工业、个人和服务机器人的销售业绩持续增长，而
且，大多数经济预测显示，它们的市场还将继续以每年两位数的
速度增长。看着机器人打扫你的房子，或者看着无人机跟随你慢
跑，你很难不认为它们的确具有某种智能。但是，它们看上去似
乎仍然像我们熟悉的传统电器一样，比如吸尘器和遥控飞机。今

天的机器人多多少少都在影响着我们的生活，但我们的生活并不依赖它们；它们能取代我们从事肮脏、危险和无聊的工作，但如果它们坏了，我们也不会因此掉一滴眼泪；它们夜以继日地在我们的家里和工作场所工作，但我们与它们的关系并不像与宠物、朋友或同事那样密切。它们成千上万地汇集在一起，在电子商务仓库的地板上嗡嗡作响、忙忙碌碌，但我们并不指望它们能像动物和人类社会那样，可以自己搭建庇护所，进行社交活动。

这些自主型机器人的种子播下近二十年后，我们进入了机器人技术的第三个阶段。新一代智能机器人利用了最新的科学和技术的独特组合，正不断从研究机构的实验室和初创企业中涌现出来。如今，类脑学习算法使机器人的学习能力与人类相当，有时甚至超过了人类，它们的发展得到了政府和公司前所未有的投资扶持。具有神经网络结构的计算芯片能以电子速度识别人脸和地点。很快，5G 无线技术可以让成群的机器人几乎在一瞬间相互通信。早先的机器人的机身使用的是和洗碗机、汽车类似的塑料和金属部件，如今这些部件更换成了一种柔性材料，不仅可以作为支撑部件，还集成了传感和驱动功能，类似于有传感器、神经和肌肉的生物组织。新型机器人产品具有生物可降解和可食用的身体部件、神经植入以及代谢能（metabolic energy），这些重新定义了生物和人工之间的界限。这一新浪潮之下的软体机器人已经无法适用经典的控制理论，因为经典控制理论的数学模型只能应用在对刚性关节连接的刚体的计算上；相比之下，软体机器人成了神经网络开发的沃土，它们可以借助神经网络学习如何理解具有丰富感官和受神经支配的身体，像真正的生命体一样弯曲、扭动、滚动、折叠和卷曲。神经科学家和生物工程师正在逐步了解如何与我们的神经系统交流，为新一代的脑接口机器人铺平道路；这样的脑接口机器人可以协助、取代人类或增强人类的能力，就好像它们是我们身体的自然延伸一样。

这本书讲述的正是这些从世界各地的实验室中涌现出来的新一代机器人。有趣的是，新一代机器人并不会取代以前的机器人；相反，它们会共同存在，寻找新的应用领域，通过不断"杂交"来获得改进，正如我们将在本书的一些故事中发现的那样。

关于我们如何看待未来这个问题，还有最后一点提示。围绕机器人和人工智能，或者说，围绕纳米技术、神经科学、量子计算等快节奏发展和创新的科学领域，存在很多炒作现象。在本书的虚构故事场景中，我们重点关注机器人如何帮助我们应对人类在未来几十年不得不面对的最大挑战，例如：全球变暖、自然的和人为的灾害、社会老龄化、在地球之外寻找新栖息地、对智能机器的爱与恐惧，以及对自然资源的滥用。我们的故事大多展示的是光明的一面，比如机器人如何解决问题。但我们还没有天真到认为仅仅依靠技术就可以拯救世界的地步。应对所有这些挑战都是复杂的，不仅需要技术手段，还需要各种政治、经济和社会措施。机器人技术不可能是解决这些问题的灵丹妙药，因为没有灵丹妙药可以解决上述这些问题。我们也不至于天真到看不到，在出现新机遇的同时，机器人和人工智能领域的激进创新也会带来新的问题，给社会带来新的挑战。在本书的最后几页，我们提出了未来机器人将如何影响社会福利、就业和权力分配的问题。书中有一章探讨了机器人技术对就业、财富和不平等可能造成的

影响。还有一章则探讨了关于机器人的产业和市场在未来可能采取何种业务架构的问题。在本书的最后一章，我们还探讨了各种错误的发生和演变，这既包括实验室内部也包括外部，同时还会介绍研究人员需要做些什么来防止出错。

最后是一条免责声明。每年，会有多达 5000 多篇同行评议的文章出现在各类专门研究机器人技术的大型会议和学术期刊上。本书中描述的研究重点和科学家工作只是小样本，对我们最耳熟能详的同事圈子也存在一些不可避免的偏见；出于时间和空间的考虑，我们主观地选择了这些样本，目的是捕捉更广泛的思想和技术的走向，我们相信，正是这些思想和技术在不久的将来会定义新一代机器人。我们希望本书能激发读者的兴趣，激励读者立志去探索，并为未来智能机器人的定义做出贡献。

CONTENTS　　　　　　　　　　　　目　录

1

第一章

潟湖上的机器人

🕐 意大利威尼斯，2051 年

恩里科眺望着窗外的朱代卡运河（Giudecca Canal），不禁想起多年前的一天，他的父母告诉他，他们全家要永远离开威尼斯时的情景。那时他只有 7 岁，城市的小巷和运河就是他的全部世界，这个消息让他哭个不停。然而，父母决心已定。回想当时的情况，谁又能责怪他们呢？没错，几个世纪以来，威尼斯人已经习惯了高水位（当地人称之为 "*acqua alta*"，指的是涨高的潮水）。有时，潮水会倒灌进城市形成洪水，淹没包括圣马可广场在内的最低洼地区。不过，到了 21 世纪 30 年代初，高水位变得非常频繁，以至于在秋季的大部分时间里，威尼斯人都忙着排干涌入房屋和商店底层的洪水，忙着评估损失。欧洲很少有像威尼斯这样的地区，受全球变暖的影响如此之大，造成的混乱如此之多。[1] 海平面不断上升、降水不断增加，让这座城市每年遭遇的洪水多达 12 次，平均每年就有一次水位达到 140 厘米（在 20 世纪，这是"异常潮水"的阈值）。早在 20 世纪 80 年代，人们设计出一套固定在海底的可收放的闸门系统，旨在保护这座城市。但这一方案聊胜于无。事实证明，它无法抗衡 21 世纪进一步上升的海平面。[2] 2033 年，当史上最高水位来袭时，成千上万的威尼斯人终于受够了。威尼斯似乎已经无法避免要沦为一座鬼城的命运：城市在春夏两季挤满了游客，但除了酒店经理和贡多拉船夫外，再无一个本地住户。

恩里科的父母已经开始在大陆上找房子了。但恩里科一想到要离开威尼斯，就哭闹个不停，这让父母的决心有了一丝动摇。2035 年秋，当地政府和意大利政府宣布了一项非同寻常的计划，要"不惜一切代价"拯救这座城市，并要求居民相信政府的决心。选择相信并留下来的居民中，就有恩里科一家。

"这是我父母做过的最好的决定。"这就是恩里科现在的想法。此刻，他正在目睹一场也许会载入史册的巨大洪水。大雨已经连续下了三天，暴涨的河水涌进潟湖；而强烈的西洛可风（Scirocco，一种来自东南方的暖风，通常在秋季吹入意大利）不断地将越来越多的海水吹向城市。这两种现象碰到一起，就会形成特大洪水。1996 年和 2033 年的洪水都是这样形成的。前一次洪水他在书上读到过很多次，而后一次洪水他亲身经历过。然而，和所有威尼斯人一样，他坚信这次洪水不会淹没圣马可广场，也不会涌入城市的房屋和商店。

阻挡这股巨大洪水、并实际上改变了整座城市命运的，是野心勃勃且史无前例的群体机器人（swarm robotics）项目。该项目在 21 世纪初开始起步，后来彻底改变了机器人系统的建造方式。

当政府在 21 世纪 30 年代首次引入这个项目时，许多威尼斯人持怀疑态度——至少可以这么说。为了响应这座城市的号召，保护威尼斯免受潮水的侵袭，人们提出了许多疯狂的想法，而群体机器人的创意是迄今为止最疯狂的。它的构想是采用数百个机器人，像鱼群一样在潟湖里巡游，不断收集有关水循环和水质的数据，检查历史建筑水下部分的地基，并在必要时进行修复，最重要的是，当洪水来袭时，能当场建造大坝。可以肯定的是，与之前的防御系统相比，这是一个很大的变化。先前那套系统构思于 1981 年，被称为摩西防御系统（MOSE）❶。它是一套固定在海底的可收放的闸门系统；原计划于 2011 年投入使用，后来推迟到了 2022 年，而这时许多闸门已经受到了海水的腐蚀。这个系统的 78 个闸门在极高潮水的情况下，多少可以保护潟湖，但在发生更为常见的 80—100 厘米的中等潮水时却用途不大。这是因为，这套闸门无法快速升起，也无法及时阻挡潮水。而且，如果频繁运行的话，代价太过高昂。这还不光是经济上的费用高昂；研究人员在 21 世纪 10 年代后期在潟湖的湖床上检查，发现这个项目对湖床造成了令人担忧的侵蚀。摩西系统本身并不是一个坏主意，但这是 20 世纪的设计思路：一种庞大的、昂贵的技术，对环境产生了巨大的影响，在设计时完全不知道全球变暖会如何改变游戏规则。

与此形成鲜明对比的是机器人专家向市议会提出的建议：一种模块化的、可重新配置的、由小型机器人砖块组成的系统。这些机器人砖块附着在海床上，在必要时阻挡潮汐——包括中等大小的潮汐——并在其他时间充当监控城市健康的哨兵。这一方案可以适应不同的场景，轻型化，相对便宜，是 21 世纪需要的解

---

❶ 摩西防御系统是意大利威尼斯的一项水利工程。该项目被命名为"摩西"（MOSE），是项目的意大利语名称（Modulo Sperimentale Elettromeccanico）的缩写，也象征着希望该项目能像《圣经》故事中的摩西一样，分开海水以保护人民。——译者注

决方案。

　　当然，这是一个疯狂的想法，但对威尼斯人来说，这也是一个迷人的想法。他们最终选择把赌注押在这上面。有一件事推动他们最终做出了决定，那就是自 21 世纪 10 年代末以来，这座城市已经变成了一个露天的机器人实验室。因为从那时开始，一位奥地利动物学家已经有了在潟湖的浑水中创建机器人生态系统的想法。他想让这个生态系统自我进化，看看会发生什么。

奥地利格拉茨，现在

　　与一般的动物学家相比，托马斯·施密克（Thomas Schmickl）花在真实动物身上的时间少得惊人。只要快速浏览一下他的简历你就会发现，自 20 世纪 90 年代以来，他在奥地利格拉茨大学（University of Graz）攻读动物学研究生时，就是一名软件开发人员。他在格拉茨出生并长大，如今负责主持这里的人工生命实验室（Artificial Life Laboratory）。有时候他也说不好，自己究竟是对自然界更感兴趣，还是对人工世界更感兴趣。

　　即使在选择动物学作为主攻专业后，施密克仍然意识到，自己的编程技能还有用武之地。作为生物学家，他的主要兴趣在于理解动物组织集体行为的方式：同一物种的成员如何交换信息，影响彼此的行为，并最终朝着一个共同的目标努力——无论是寻找食物，筑巢，还是飞行数千英里❶。不过，人们该如何弄清楚这样的问题呢？对于动物学家来说，设计一种可靠的方法来测试关于野生动物群体行为的科学假说，通常是一件令人头痛的事情。科学测试需要可控的条件。但是，如何在可控的条件下放飞一群鸟，以便能弄清楚它们中谁能决定何时改变方向呢？这种沟通协调在所有的群体成员中又是如何工作的呢？

一种方法是使用计算机算法来创建一个模拟鸟群：我们根据对真实动物的认识，可以为"虚拟鸟"制定规则，然后让程序运行，看看结果与我们在真实鸟群中观察到的现象是否相似。一个广泛使用的群体行为计算模型是匈牙利物理学家塔玛斯·维切克（Tamás Vicsek）在 20 世纪 90 年代中期提出的。这个模型已被用于解释欧椋鸟编队飞行的情况。它表明，每只鸟飞行的指导原则就是在鸟群中不断寻找一个密度合适的地方，允许它看到足够多的周围环境而不被其他鸟遮住视线。3

但是，当我们用真实的机器人取代这些有趣的"虚拟鸟"时，事情就变得越发有趣了。对于生物学家来说，这意味着可以用一种更真实的方式模拟群体行为，可以发现环境和动物之间的互动如何影响它们的行为。对于机器人专家来说，回报甚至可能更大：一个由数十个甚至数百个简单机器人组成的群体，配备了与我们在鸟类和蜜蜂身上看到的相同的自我协调能力，将比任何单个机器人都更强大、更健壮。这样一个机器人群体，可以比单

---

❶　1 英里约等于 1.609 千米。——编者注

个机器人更快、更好地监控更大的区域；它的成员可以相互传递信息，不断提高群体的性能，整个系统会更加健壮；就像互联网在某些节点停止工作时仍能运作一样，即使少数机器人出现故障，机器人群体也能继续工作。

正因为如此，施密克和 21 世纪的许多科学家一样，对群体机器人十分感兴趣：这是一种科学尝试，用机器人再现人们从社会动物中观察到的集体行为。群体智能（受动物集体行为启发的人工系统）的概念从 20 世纪 80 年代就已经出现，到 21 世纪 10 年代中期，群体机器人已经成为一个热门的研究领域。"但在现实世界中，几乎还没有人部署过群体机器人——只在实验室或受控条件下才有部署。"施密克解释说，"如果我们不能把群体机器人带出实验室，我们就永远无法证明它们的价值。因此，我想把群体机器人带出实验室，让一群机器人在一个活生生的城市中互动，并展示它们的实际应用。"

威尼斯的潟湖为此提供了一个独一无二的机会：在世界上几乎任何其他城市，在街道上投放几十个小型机器人都会扰乱交通，惊吓市民，或者导致机器人被盗、被损毁。最有可能的是，你还没有来得及投放机器人，监管部门就会出面阻止。但施密克认为，在一个街道都是河流的城市里，水域相对平静，机器人可以在里面自由畅游，人们看不到它们，彼此互不干扰。因此，这就有可能将一个规模空前的机器人群体投放在这里，并让它们随着时间的推移而演化，至少在一定程度上模仿真实生态系统的复杂动态。施密克解释说："我们选择威尼斯有很多理由。这里的海水平静但浑浊，给机器人的传感器带来了挑战。这些河流有点像迷宫，这对认知实验来说会很有趣。整个潟湖面积相当大，这意味着你必须覆盖很远的距离；但它又不是开放水域，这意味着你的机器人也不会迷路。"此外，这些机器人都带有传感器，很少有其他城市比威尼斯更需要对城市的健康状况进行密切监测。威尼斯的潟湖环境复杂、多变，是多个物种的家园，从藻类到软体动物，从鱼类到鸟类，都在与人类不断互动。在潟湖上面，或者更确切地说，在潟湖里面，有一座珍宝般的城市。海水赋予它独一无二的特色，但同样的海水也有可能把它淹没。

施密克与来自比利时、意大利、法国、德国和克罗地亚的研究人员合作，在 2014 年获得了欧盟委员会的资助，启动了 subCULTron 项目。这是一个雄心勃勃的计划，要将 120 个定制机器人放入潟湖水域。他们的团队建造了三种机器人，每种机器人的灵感都来自真实生活在潟湖中的物种。第一种机器人固定在一个地方，像贻贝一样。它们停留在海底，可以监测藻类、细菌菌落和鱼类的出现和通过情况。它们能感知到很多东西，但只能移动一点点——基本上只在需要浮出水面或停靠在海底时才会移动。第二种机器人漂浮在水面上，好像睡莲一样。它们从阳光中收集能量，从卫星上接收信息，记录水文运动，测量潮汐和探测船只的通过情况。介于两者之间的是水下巡游机器人（相当于真实生态系统中的鱼类）。它们不断探索潟湖环境，并与贻贝和睡莲机器人交换信息。它们从贻贝机器人那里下载数据，然后与睡莲机器人对接并上传数据，还在必要时充电。会飞的和会走的机器人一般选择无线电通信。但无线电波在水下传播得不好，所以鱼类机器人必须将贻贝机器人上的信息中继给睡莲机器人，然后

由睡莲机器人通过无线电将信息传递给研究人员。

　　施密克和他的同事们不仅要记录潟湖的健康数据，他们长远的目标还要让这个多"物种"混杂的机器人社会不断演化和分化。通过不同"物种"之间的信息交流，以及它们与潟湖复杂多变的环境之间的互动，在某个时候会出现机器人亚文化。例如，朱代卡岛周围的机器人利用水流的方法可能和小运河附近的机器人不同。在小运河附近的机器人可能需要与污浊不动的水域、不断通过的贡多拉船只进行互动协调。待在最狭窄运河里的贻贝机器人会告诉它们的鱼类机器人同伴要远离长满藻类的运河底部，而在潟湖的其他地方，并不存在这个问题。

　　依靠集体的智慧，机器人最终可能比威尼斯人更了解潟湖，并帮助他们想出办法来拯救这座城市。SubCULTron 项目是在潟湖上创建"机器人社会"的第一步，施密克希望借此说服人们，不要再怀疑群体机器人在现实世界中的潜力。[4] 事实上，这个项目的发展也为探索地球之外的其他世界提供了可能。使用类似的群体机器人可以探索遥远的行星和它们的卫星，如木卫一、木卫二或土卫六。"把单个机器人送入太空，就像把所有鸡蛋都放在一个篮子里一样。这样做是愚蠢的。"施密克说，"我们应该使用群体机器人。"但在此之前，他希望他的群体机器人或者它们的后代能够帮助人们保护这座接纳了它们的城市——这座城市面临不确定的未来，因为之前保护它的计划，比如有争议的摩西防御系统，似乎正在走向失败。"我们对此进行了很多思考，我希望机器人技术在未来可以提供解决方案。"

◷ 意大利威尼斯，2051 年

　　雨下个不停，天空变得越来越暗，恩里科再也无法从窗口看到潟湖上发生的事情。他打开智能眼镜，进入城市的数据云。对大多数威尼斯人来说，在数据云中观看潟湖已成了日常生活的一部分。数据云收集并整合了数百个在潟湖上漂浮和游动的机器人传来的数据，显示了每条运河的情况——水有多干净，藻类在哪里生长，建筑物的地基在哪里需要修复。不过，在潮汐期间，数据云能获得的数据最多，也最丰富。

　　交互式地图显示了每条运河的潮汐情况，预测了未来 48 小时内水位将如何上涨，并预先显示出机器人会如何阻止涨潮。

　　几十年来，由于托马斯·施密克的开创性工作以及他这个项目的后续进展，越来越多的机器人定居在潟湖中。它们了解这里的水文，发展出在迷宫般的运河中规划路线的能力，并集体决策，找出了建造大坝的最佳地点。它们要在海水深度、水流强度以及保护城市的有效性之间做出妥协，并避免对那里的生态系统造成破坏。正如施密克和其他研究人员预测的那样，从潟湖这种不断受到自然和人类活动影响的真实而复杂的环境中收集数据的能力，已经被证明是群体机器人的优势。它们现在已经被广泛应用于制造业、农业、搜索和救援，甚至太空探索当中。但用于应对威尼斯每次涨潮问题的案例仍然是该技术最令人印象深刻的一项应用。

　　在交互式地图中，数百个小点从水下仓库中蜂拥而出。这些水下仓库放置在战略要地，存储着用于建造大坝的机器人。这些小点向着丽都口（Bocca di Porto del Lido）移动。丽都口是潟湖与亚得里亚海相连的三个入口之一，是距离这个城市的历史建筑群最近的一个。在现实世界中，每一个小点都是一个筑坝机器人。这是一种篮球大小的海胆机器人，它从仓库内的一个平面圆盘上展开，变成一个跳动的球，它的人造皮肤有规律地收缩和扩张，上面布满了微小的触手，可以在潟湖的湖床上轻盈地滚动。所有机器人都被感应触须捕捉到的低频声音吸引，朝着同一个潟湖入口移动。这个声音是由沉没在水下、位于丽都口的哨兵机器人发出的紧急呼叫，它可以在浑浊的潟湖水域中传播数千米，但这并不会干扰水中的生物群体。当海胆机器人到达丽都口时，它们会继续有节奏地扩张和收缩，只不过速度较慢。它们触手末端的微小磁铁会和其他机器人锁定在一起。海胆机器人越来越多，它们附着在机器人组成的一簇群体上，随着群体的收缩向上滚动。而下面的海胆机器人则停留在原地，通过触手安全地锚定在其他机器人上。在几个小时内，一个缓慢搏动的结构，好像人造肺一样，开始从丽都口的海水中出现。它形成了一个有效屏障，挡住了上升的海水。当潮水退去，哨兵机器人会改变声音模式，发出危险结束的信号，这些不停脉动的海胆机器人将收回磁性触须，彼此分开。大坝会被海浪逐渐冲刷开，机器人会在声音的引导下轻盈地滚回仓库。这是一个自我组织的奇迹，是花费了科学家们几十年的时间才创造出来的。

最大的技术突破往往发生在不同路径的创新交叉在一起并开始合作的时候。突然之间，看似风马牛不相及的事物看上去就好像天生该在一起合作似的。这样的事情在 21 世纪初发生过一次。当时，移动电话、触摸屏、数码相机、加速传感器和其他一堆看似无关的技术被苹果创始人史蒂夫·乔布斯（Steve Jobs）混合在一起，搅拌成一杯鸡尾酒，成就了后来的 iPhone。这种情况在 21 世纪 20 年代末又发生了一次。随着全新一代的机器人技术终于走出实验室，富有创造力的企业家们开始以新的方式将它们混合在一起，将它们变成了机器人革命的基石。这场革命在 21 世纪 30 年代掀起了一场风暴。一个典型的例子就是具有感知能力和"文化演进"能力的群体机器人，比如施密克在威尼斯部署的那些机器人，如何与其他模块化的、自组装的机器人进行相互作用。几乎在同一时间，在美国的研究人员也在研发这样的机器人。

🕐 美国纽约，现在

霍德·利普森（Hod Lipson）的机器人研究之路在某种程度上与施密克是互补的：施密克是一位生物学家，他选择机器人作为其专业研究的工具；而利普森是一位工程师，他使用机器人来探寻生命运作的核心。利普森出生于以色列的海法，毕业于著名的以色列理工学院（Technion Israel Institute of Technology）机械工程专业。他自 21 世纪初以来一直在美国生活和工作，先是在康奈尔大学（Cornell University），在 2014 年又进入哥伦比亚大学（Columbia University）工作。这些年来，他的研究兴趣涵盖了不同的领域，包括 3D 打印、神经网络、无人驾驶汽车和各种类型的机器人技术等。当谈到机器人技术时，他说："我真正的兴趣一直是模仿生物，而不是制造一个能干某种事情的机器人。这是一种用人工手段重建生命的过程，就像一千年前炼金术士想做的事情那样。"最近，他痴迷于创造有自我意识的机器人（在杂志文章、视频采访和 TED 演讲中，你都可以看到这种痴迷）。在一个可能是他现在最著名的项目中，他将一个简单的机械臂与神经网络连接起来，而神经网络的任务是创建机械臂本身的计算机模型。[5] 机器人专家经常使用机器人模型来测试他们的控制算法，而且经常在自主或半自主的机器人中注入它们自身的软件模型和环境模型，帮助它们导航并做出选择。但这样的模型通常建立在老式的计算机语言上。"我们使用神经网络已经有一段时间了，机器人可以通过它们了解周边的环境。但奇怪的是，我们还没有用它们帮助机器人了解自己。"而这就是利普森正在做的工作，他将深度学习作为机器人在某种程度上自省的工具。像大多数基于深度学习的人工智能系统一样，他的网络几乎从随机状态开始，创建一个与实际机械臂没有任何相似之处的数字模型。但经过数千次的循环学习，并通过机械臂的实际运动和位置的自我校正后，它最终可以得到一个相当忠实于原来机械臂的数字模型。利普森猜测，这一过程与儿童大脑在早期发育期间的情况有很多共同之处。他认为，机器人的自我意识可以揭示出人类意识的产生过程，并可以帮助我们建造出更容易适应环境的机器人——尽管在关于这个项目的采访中，他经常不得不停下来，抵御对有意识的、像"终结者"那样的超级智能机器人的恐惧。

同时，在机器人谱系的另一端，利普森对智能——如果说机器人有智能的话——程度很低的机器人也同样感兴趣。把这些机器人大量结合在一起，也可以创造奇迹。2019 年，他与麻省理工学院（MIT）的丹妮拉·鲁斯（Daniela Rus）合作，在《自然》（Nature）杂志上发表了一篇论文，描述了一种"粒子机器人"，它的灵感大致来自人体内单个细胞的团队合作方式。[6] 这种机器人中的每个粒子都是一个小圆盘，只能做一件事：有节奏地膨胀和收缩。沿着它的外圈排列着一个微小的磁性球体；它能让每个圆盘都可以与其他圆盘结合在一起，但结合得不是很紧密。然后，有趣的事情发生了。虽然单个粒子无法移动，但只要许多粒子连接在一起，机器人就可以移动。为了控制这种移动，利普森和他的团队在每个圆盘上都安装了一个光传感器，然后打开一个单一光源。他们对粒子进行编程，根据接收到的光强度，按比例偏移粒子收缩和膨胀的相位。在实验中，如果离光源最近的粒子在某一时刻开始脉动，那么稍微远一点的粒子将在稍后开始脉动，更远的粒子将在更长的时间后开始脉动，以此类推。由光触发的运动和延迟照明之间的相互作用，会让这些粒子机器人做出令人惊讶的集体运动。整个机器人可以向着光源移动，运输物体，甚至找到绕过障碍物的道路。然而，就其自身而言，任何粒子都没有移动，它们之间也没有任何交流。

"我们称它们为粒子，就是为了强调每个单元都没有智能，"利普森解释说，"就像我们体内的分子没有智能一样。同时，我们也是为了强调这个系统的统计属性。我们体内的分子和细胞并没有以精确的、固定的方式运动，它们大多数时间只是被撞来撞去。尽管如此，我们还是看到了非常健壮的系统，它们在大多数时间里都能表现出确定性，并且可以自我修复。"粒子的简单性以及它们甚至不需要彼此通信的事实，使整个系统变得特别健壮而且可以扩展。最终，一个机器人是由十个粒子组成（就像利普森真实实验中的那样）还是由一万个粒子组成（就像他在同一篇论文中，用计算机所做的模拟那样），并没有太大区别。

利普森坚持认为，他目前还没有想出实际应用的思路。"正如我们在美国喜欢说的那样，这是我们的'大航海'，我们正在一路向西航行，"他打趣道，"我猜，当我们航行到彼岸时，会遇到一些有趣的事。我还在探索。"

尽管如此，他认为，在这个机器人世界的"神秘西方"，可能隐藏着一种设计和制造机器人的新方法。"机器人专家越来越意识到，我们一直在用错误的方式制造机器人。现在，制造机器人的方法是一种整体的、自上而下的方法。如果我们能自下而上地用小型模块构建机器人，它们就会更健壮，更易于适应各种应用。在这个实验中，我们把这一想法发挥到了极致。我们甚至不需要模块之间紧密集成，也不需要它们之间有通信，而这些方法在其他模块化机器人的制作过程中是必需的。我认为，如果我们继续把这些方法发挥到极致，就很有可能探索到非常有趣的地方。"

根据利普森的说法，他们接下来要做的是把粒子变成三维的、立体的，而且还要小得多。在本章中，在我们虚构的那个威尼斯中，我们想象这些粒子越变越大，最后变成一座大坝。但利普森同样有兴趣把它们变得越来越小，只有一毫米或者更小，就像一粒沙子。"如果我们能制造出一百万个这样的小型粒子，我们会看到一些真正有趣的事。"而这意味着要改变材料，也要改变制造这些小型粒子的方法，使用化学或声学驱动而不是机械驱动。而且在每个粒子上增加更多的传感器和计算能力也会很有意思。"这是完全可行的。你可以在毫米尺度上，在每个粒子上放置一台网络服务器。"

最后，利普森认为人工智能的天生伴侣就是仿生技术，这是未来可持续发展的必要条件。"神经网络是当今人工智能领域最先进的技术，它采用的就是仿生技术。在很长一段时间里，人们看不清这种技术是否会成功。人们尝试了许多其他的非仿生学技术，比如专家系统。"利普森指出，这些方法最终都失败了，而神经网络成功了。这对机器人的物理制造也有借鉴意义。机器人专家倾向继续使用电动马达和钛合金部件，因为他们对这些非常熟悉。"但最终，我们将不得不转向仿生学技术，而这意味着必须模块化。这是唯一能让一个机器人制造另一个机器人的方法。为了拥有一个可持续发展的机器人生态系统，你需要机器人制造和修理其他机器人，并且回收和整合旧机器人的部件。而今天，机器人的大部分部件我们都无法回收，也许只能重新利用一些铝合金外壳。但如果这些机器人是由非常小、非常简单的部件组成的，那么它们就可以被回收利用到另一个机器人中。这就是仿生学的工作原理。"

🕐 意大利威尼斯，2051

从警报声第一次在运河上响起之后不到 4 个小时，筑坝机器人已经完成了它们的工作。从恩里科家的窗口就可以看到这座大坝，像一条细细的黑线沿着丽都口延伸下去，有效地封闭入口，阻挡潮水。

机器人群体将自行决定在那里停留多久，以及是否需要在某个时候召唤其他后备机器人来加固大坝——当然最终决定权掌握在城市管理者手中。这座城市拥有几千个筑坝机器人，足以应对非常高的水位。如果水位达到 200 厘米，甚至超过历史性的 1966 年洪水的高度，还可以从鹿特丹借来更多的机器人。5 年前，这座荷兰的城市采用了同样的系统来保护自己不受北海潮汐的影响。人们没有忽视威尼斯机器人取得的成功——从尼日利亚的拉各斯（Lagos）到中国的香港，从澳大利亚的墨尔本到美国的休斯敦，这些受到海平面上升威胁的城市现在都在试验类似的系统。

恩里科已经看够了窗外的一切。就像他小时候一样，没有什么比在城市的小巷和桥梁上散步更让他舒心的了——无论下雨与否。他今天也会这样做。他拿起帽子和雨伞走了出去。他没有穿高筒靴，没有像他的父母当年在这种天气里不得不做的那样。

尽管下着雨，但圣马可广场周围的小巷仍然像晴天一样热闹、拥挤和嘈杂。除了贡多拉船夫们必须等待风暴结束才能工作外，市民和游客们都在无忧无虑地继续着他们的生活。几年前会淹没半个威尼斯并封锁城市数日的潮水，被机器人挡住了——这些机器人是在遥远的 21 世纪 10 年代进入潟湖的第一批机器人定居者的后代。一座即将成为气候变化牺牲品的城市，现在成了一个经典案例，证明了正确的技术组合可以减轻气候变化的影响。

2

第二章

真正的大灾难

🕐 美国华盛顿州西雅图，2046 年 9 月 26 日

本章中所描述的事件，根据定义，是无法预测的。科学家们说，我们在这里想象的那种地震很有可能发生。据估计，在未来 50 年内发生的概率是 10% 到 37%。[1]这意味着它可能在这段时间内的任何一天发生，或者也可能在更晚的时候发生，也许是从现在开始的一百或者二百年后。但如果地震学家是正确的，从长远来看，这种可能性将达到 100%。它总会在某一时刻发生。在本章中，我们将这一事件设定在相对较近的时间发生，以强调我们所描述的技术——可以在这样的灾难中发挥作用并保护我们的技术——离我们并不遥远。我们强烈希望这场灾难不会这么快发生，而一旦真的发生了，应对的技术也已经存在。我们需要的是政治意愿，而不是重大的科学突破，以确保在必要时做好准备。

上午 9:10，西雅图海滨

"能叫服务员快点吗？"她有点紧张地说，"我会迟到的。"

"放松点，"他回答道，把手放在她的手上，朝他们前方的艾略特湾、海洋和湛蓝的天空点了点头，"在秋天来临之前，你觉得这样的日子还有多少？这可是天赐的礼物。上班稍微迟到一会儿，地球并不会停止转动，对不对？"

起码就天气而言，他是对的。这是华盛顿州9月下旬异常温暖的一天。那天早上，迈克尔起床后凝视窗外，决定说服莉兹在酒吧吃早餐。这家酒吧位于西雅图海滨，紧靠大海。夏天的时候，他们经常在这里度过星期天的清晨时分。上班会迟到一会儿，那又如何呢？作为一名软件工程师，他供职的那家科技公司和另一家科技公司一起，可以说拥有这座城市。他完全可以自己安排工作时间——不过，他基本上是住在办公室里。而莉兹是联邦紧急事务管理署（Federal Emergency Management Agency，FEMA）西雅图办事处的紧急事件处理经理，工作的灵活性较低，而且是轮班值守。她今天的轮班工作从10点开始——不过她总是尽量早半个小时到达办公室，这样她的同事们就可以告诉她前面发生过什么事情。

　　"好吧，你说得对。让我们收下这份礼物吧，"她让步道，迎着凉爽的海风深吸了一口气。就在这时，女服务员来了，给他们端来了两杯卡布奇诺咖啡。

　　刚刚结束的夏天对他们来说是一段快乐的时光。他们在年初相识，接着，两人的关系突飞猛进。6月，她搬去和他同居。他们俩的事业也蒸蒸日上。今年春天，她被任命为负责监督地震风险部门应急计划的官员。"一直在为可能永远不会发生的事情做准备是什么感觉？"有一次他问她。"嗯，这件事总有一天会发生的，"她回答说，"也许在我们的有生之年不会，但当它发生时，这里仍然会有人类。我制订的计划会拯救一些生命，也许是后代的生命。"

　　事实上，他们一直在讨论要孩子的事。一开始是半开玩笑，后来越来越严肃。他们觉得自己已经准备好了，不过这就意味着他们俩都必须停止这样长时间的工作。今年 5 月，他还获得升职，成为云计算部门的副主管，现在负责监督基础设施建设，这些设施为西部各州的大部分业务提供动力。

"你今天上班会干些什么？"她啜饮着卡布奇诺，问道。

"聊聊天，拍拍某人的后背，然后假装对主题演讲感兴趣，"他笑着说，"今天上午晚些时候会有一个重要会议。市场人员将展示他们对云计算客户需求的研究，研发人员将展示他们的新产品，这些都是客户可能想要但还不知道自己想要的产品。最后，大老板们会拍板两三种新产品。你呢？"

"和往常一样，当然不是拍拍某人的后背。我要对所有的监测站点进行例行检查，和加利福尼亚州的同事开电话会议。他们刚刚更新了应急计划，我们想看看有没有值得借鉴的地方。我希望能抽出时间来读一篇刚刚发表的关于 2011 年日本地震和海啸的论文。我们仍然能从中学到很多东西，那次地震最接近我们现在准备应对的事件。"

她看了看手表，假装很放松。

"好吧，我不能再拖着你了，"他微笑着向女服务员挥挥手，"我来埋单。你现在就去上班吧。今晚在家见。"

"谢谢。这样开始一天真棒，我们应该经常这样做。"她吻了吻他，骑上摩托车——摩托车的速度对他来说有点太快了——向联邦紧急事务管理署的办公室驶去，它位于西雅图郊区的小镇博塞尔，大约半小时车程。他付了账，又多待了一会儿，然后从海滨步行走了十分钟，来到公司总部。

上午 10:53，尼罗河总部

　　还没到上午 11 点，迈克尔已经走进了 7 楼的大会议室。他是第一个到的，想确保自己为演讲准备的酷炫视频能在房间里的投影仪上顺利播放。这里的投影仪有时候不太靠谱。几分钟后，从纽约来的市场总监史蒂夫走进房间。迈克尔愉快地告诉他，最好趁现在透过巨大的全景窗欣赏海港的景色。因为一旦投影仪打开后，窗子就得完全遮住。

　　他和史蒂夫是好朋友，但已经快一年没见面了。趁着等待其他人到场的工夫，他们有不少事情可以聊。于是，他们俩喝着咖啡，开始闲聊——谁升职了，谁没升职，谁搬到了上海办事处，谁要回美国，谁要生孩子了，谁要离婚了。正当迈克尔要告诉史蒂夫，自己和莉兹正在认真考虑结婚这件事时，忽然，桌子上摆成一排的、装着咖啡或新鲜果汁的杯子叮当作响起来。

　　他转过身来，以为自己是不是无意中撞到了桌子。一秒后，桌子却撞到了他。整个房间开始摇晃。家具仿佛装上了轮子，四处移动。墙上的相框掉了下来，玻璃盖板也摔得粉碎。同样砸在地板上的还有水杯和液晶屏。迈克尔立刻想起接受过的紧急训练，抓住史蒂夫的胳膊，拽着他躲到房间中央的大会议桌下面。在经历了似乎没有尽头的三分钟之后，这座建筑物又继续摇晃了一会儿，逐渐停了下来。迈克尔看着史蒂夫，他脸色惨白。迈克尔问他："你还好吗？"史蒂夫言不由衷地勉强答道："我还好。"显然，他吓坏了。与西雅图的员工不同，纽约市的员工从未接受过如此强度的地震防护训练，他们对这一天的到来毫无准备。

迈克尔意识到，他必须带领同事们离开这里。他抓起手机，希望能和莉兹取得联系，但没有信号。电也停了。一起吃饭的时候，她逼着他多次排练过，如果这一刻真的来了，该怎么做。他嘱咐史蒂夫保持冷静，跟着他走楼梯。"我不认为上街是个好主意。"史蒂夫答道。

"这座建筑是抗震的，不是吗？"史蒂夫问道，"如果它能抵御这次地震，也能抵御其他的余震。情况不可能变得更糟吧。"迈克尔看着他，尽量使自己的声音显得平静："你说得对。我们不到街道上去。事实上，我们要沿着楼梯往上爬，到顶层的露台去。但我刚才的后一句话说错了。情况可能会变得更糟。"

上午 10:55，联邦紧急事务管理署办公室

自从接手这份工作以来，莉兹在过去的六年里一直在想象这一刻会如何发生，一直在反复排练她必须做的事情。然而，在大楼停止摇晃后的最初时刻里，在地震仪不再绘制那些达到极限的波形之后，在每个人都从桌子底下钻出来之后，她还是沉默了几秒。这一切有点像在做梦。

清醒过来之后，她想到的第一件事就是迈克尔。他现在应该在会议室里，他记得要做些什么吗？她只能期盼他还记得；她很清楚现在想打电话找他是不可能的，而且她必须考虑城市的其他方面。他们对这次事件谈论过很多次，他的公司在培训像他这样的管理者方面投入的资金比其他任何公司都要多。事实上，除了联邦政府提供的资金外，总部位于西雅图的大型科技公司已经为

应对这次事件投资了数十亿美元：用于雇用、培训和装备救援队伍；用于监测地震断层的传感器和早期预警系统，可以立即发现和跟踪即将到来的海啸；还有机器人。在地震发生时，这些机器人可以与莉兹及其团队并肩工作，帮助他们拯救尽可能多的生命。这些机器人在科技公司总部和工业基地的检查和维护工作中已经取得了成功。它们也参加过所有重大灾难的演习，与搜救犬当然还有与像莉兹这样的人类一起共同工作。

莉兹的同事们都看着她，等待她的指示。"立即派出无人机，"她说，"1/3 去海滨，拉响警报。另外 2/3 在全市评估损失。"

过去 6 年里她一直念念不忘的事件终于在她眼皮底下发生了。卡斯卡迪亚地震已经到来，这是袭击美国大陆的最强烈的地震和最严重的自然灾害。直到 20 世纪 80 年代之前，地震学家们一直都忽视了卡斯卡迪亚隐没带（Cascadia Subduction Zone）。这是一条从温哥华延伸到加利福尼亚州北部的板块边界。自 21 世纪 10 年代以来，这里成为地震学家们的主要关注对象。专家们当时已经一致认为，这条断层可能会引起高达里氏 9.0 级的地震，甚至可能达到 9.5 级。传统上，圣安德烈亚斯断层（San Andreas fault）是美国研究最多，也最令人担忧的地震断层；但这条断层比加利福尼亚州圣安德烈亚斯断层可能发生的最严重的地震还要严重得多。专家们还一致认为，这样的事件并非完全不可能发生。2010年，一组美国研究人员在检查了该地区过去地震的地质记录后，估计 50 年内太平洋西北地区发生里氏 8 级或更高级别地震的概率为 37%。[2] 地震学家们达成共识的最后一个关键问题是，与南部的圣安德烈亚斯断层引发的地震不同，卡斯卡迪亚地震极有可能会引发海啸，类似于 2004 年摧毁印度尼西亚和东南亚其他地区的那场海啸。在一个 21 世纪初才开始认真准备的地区，一次大型逆冲区地震（megathrust earthquake）造成的破坏肯定是巨大的，但海啸带来的破坏才是真正摧毁性的。

🕐 美国得克萨斯州大学城，现在

　　一个老掉牙的说法就是，所有达到一定年龄的人都记得 2001 年 9 月 11 日那一天自己在哪里。但在大多数机器人专家眼里，对于过去几十年里袭击地球的任何重大灾难，你都可以说同样的话：2001 年的双子塔，1995 年的"卡特里娜"飓风，2010 年的深水地平线石油泄漏，2011 年的日本东北部地震和海啸，以及它造成的福岛核事故；还有最近的新冠疫情——这是一场非常不同但同样悲惨的灾难。这些事件迫使科学家和工程师们——哪怕是那些对机器人只稍有兴趣的科学家和工程师们——都认为必须找到一种更好的方法：一种更快找到并接触到幸存者的方法；一种避免救援人员和消防人员去冒生命危险的方法；一种到达潜水员无法到达的海底的方法；一种让机器人代替人类冲进火线的方法。难怪搜索和救援之类的任务经常出现在大多数机器人项目的潜在应用清单上。毕竟，没有几个人会反对用机器人取代人类做这方面的工作。

　　灾难在某种意义上也是人类科技的副产品，所以使用科技对付它们，也是顺理成章的。自古以来，地震、飓风和火山爆发就一直袭击着地球，但它们的影响取决于当时发生灾难的土地上的人类做了些什么。正如地震学家常说的那样，致人死亡的不是地震，而是倒塌的建筑物。在历史上的某个时刻，人类已经开始自己制造灾难：城市火灾、火车失事、工厂和发电厂爆炸。事实上，科技使灾难变得更加频繁。有些是直接起作用的，比如通过建造更大的运输系统、基础设施和工厂，制造了灾难；有些是间接起作用的，比如通过全球变暖，使洪水和飓风发生得更加频繁。

然而，直到 1995 年，使用机器人应对灾难才成为一个独立的研究领域。"那是重要的一年，"罗宾·墨菲（Robin Murphy）回忆道。她当时在科罗拉多矿业学院（Colorado School of Mines）工作，现在跻身全世界最著名的灾难机器人专家之列。那一年，太平洋两岸发生了两场截然不同的灾难。1995 年 1 月，日本阪神地震造成 6000 多人死亡。在受灾最严重的神户大学（University of Kobe），田所谕（Satoshi Tadokoro）创建了一个研究小组，这个小组后来发展成日本国际救援系统研究所（International Rescue Systems Institute）。4 月，美国俄克拉何马城一座联邦大楼发生炸弹爆炸袭击，造成近 170 人死亡，680 多人受伤。寻找被困在废墟下的幸存者的工作持续了两个多星期，这促使墨菲改变了自己研究小组的目标，重点研究如何将机器人整合到救援队伍中，以便在下一次灾难发生时加快搜救速度。

墨菲在 20 世纪 90 年代末先进入南佛罗里达大学（University of South Florida），十年后又来到得克萨斯农工大学（Texas A&M

University），成为计算机科学与工程系的教授。她是世界灾难机器人领域的领军人物。任何在这一领域认真研究的人，都不会错过她在 2014 年出版的《灾难机器人》（*Disaster Robotics*）一书。[3] 她在 2018 年的 TED 演讲已经有超过 100 万观众观看过。观看她的演讲，你会被她的能量和同理心所吸引，这是你希望在任何领导团队应对紧急情况的人身上发现的品质；此外，你还会领教到她对灾难机器人的百科全书般的知识储备。

　　16 年来，墨菲一直领导着美国的机器人辅助搜救中心（Robot–Assisted Search and Rescue，CRASAR）。这是一家由她协助创建的非营利机构，负责在灾难现场协调部署机器人，并作为沟通的桥梁，将救援机构和制造、运营机器人的学术机构以及工业团体汇聚在一起。她说，对于灾难机器人来讲，2001 年 9 月 11 日是一个关键时刻。在飞机撞上双子塔的几个小时后，机器人辅助搜救中心就从 4 个不同的团队中集合了 17 个机器人，其中包括墨菲自己在旧金山大学的团队。4 个小型履带式和轮式机器人在世贸中心的废墟中穿行，进入地下室和楼梯间，希望找到困在里面的幸存消防人员。这是第一次有记录的、在灾难现场使用机器人的案例。"在现场使用的大多数机器人都已经投入商用，或者正在军队中开发，但这是军方第一次意识到他们可以用这些机器人做些什么。"在其他的灾难中，对机器人的使用成败参半。在 2005 年的"卡特里娜"飓风中，首次使用了小型飞行器。"但不幸的是，从整体来讲，效果不好。"墨菲说，"很多组织放飞了无人机，它们飞来飞去，却没有充分协调整个流程。最终，他们遭到海岸警卫队的投诉，联邦航空管理局停飞了所有无人机。这导致多年来很难让无人机再次投入使用。"到2017年，当"哈维"飓风来袭时，人们已经吸取了教训。"当时无人机的使用已经成为惯例，而且救援人员也会以一种协调一致的方式使用无人机。"

墨菲指出，在救灾行动中使用飞行机器人已经成为一种标准做法，但并不是所有的模态（modality，机器人专家用来描述机器人移动方式的专业术语）都在以相同的速度发展。墨菲指出："在过去十年中，空中机器人在搜索和救援方面取得了很大进展，但地面机器人的进展不大，海洋机器人方面几乎没有进展。"海洋机器人的作用尤其被低估了。然而，我们在未来几十年将面临不少与水有关的风险。由于气候变化，飓风和异常猛烈的暴雨等极端事件会变得越来越频繁，更有可能引发洪水，而森林过度砍伐和土壤侵蚀等问题会放大洪水的影响。而且在气候变化的影响下，沿海地区的海平面也会上升。至于海啸，在2004年12月之前，大多数人对它的认识都只限于日本画家葛饰北斋（Hokusai）最著名的浮世绘作品《神奈川冲浪里》。在海啸掀起的巨浪袭击印度洋之后，许多国家的专家们开始更加关注地震引发海啸的风险。尤其是在美国，地震学家认为，总有一天，西海岸遭受的海啸袭击可能会比2004年摧毁印度尼西亚的那一次更为严重。

在墨菲看来，问题在于，在灾难现场使用这类机器人之前，你需要在其他的应用场景中看到足够多的机器人。只有这样，当灾难真的来临时，紧急救援人员才能信任它们。对水下机器人来说，人们在日常应用中没怎么见过它们的身影。墨菲说，她"对美国交通部门一直不愿采用水下机器人检查桥梁感到惊讶。桥梁必须每两年检查一次，有些桥梁每年都要检查一次。尤其是水下的部分，因为水流湍急、水质浑浊，需要专业的潜水人员。美国的许多桥梁都已经使用了 75 年，应该已经到了它们使用寿命的尽头了，却没有人对其进行检查，因为没有那么多潜水员。"然而，水下机器人可以大大改变这种现状。2011 年，墨菲领导的一个机器人辅助搜救中心的团队在日本东北部地震和海啸后部署了 4 个可远程操作的水下机器人："那里有 400 英里的海岸线被彻底摧毁了。港口、航道、桥梁都被摧毁了。他们根本没有足够多的潜水员。"而这些配备了摄像头和声波传感器的机器人，可以检查桥梁和港口的基础设施，并帮助定位和打捞尸体。"4 个小时后，我们就准备完毕，可以重新开放南三陆港（Minamisanriku）。如果没有这些机器人，这个港口很可能要等 6 个月后才能重新开放。然而，即使在这种情况下，他们也没有在这之后将机器人投入港口的日常工作中。"

墨菲说，"9·11"事件发生后，她学到了几个教训，那是每个研究救援机器人的人都应该记住的教训。第一个教训是，机器人是人类救援者的延伸，而不是替代。她说："在大多数情况下，机器人的作用是使救援者能够在未知的情形下，远程了解情况并采取行动。"在灾难救援的场景中，不可能提前知道实际的任务是什么。"我们可以告诉你目标是什么，那就是：拯救生命。但是，在看到实际情况之前，你无法决定到底该怎么做。而决定该怎么做则需要专业知识。你可能需要一个了解桥梁或排水系统的人，他们知道要寻找什么。"完全自主决策的机器人到达灾难现场，找到路，自己决定要做什么，最后带着几个幸存者出来，这种情节可能只会出现在科幻小说中。救援机器人确实可以拥有更

多的自主权，因为它们必须经常在接收不到遥控器信号的地方工作。但它们的主要任务仍然是尽快回到人类救援人员那里（或者至少回到任何它们能到达并发送无线电信号的地方），报告它们看到的情况。

第二个教训是，人们需要在日常工作中不断测试机器人，才能在灾难发生后顺畅地使用它们而不会忙中出错。"没有人——没有人相信机器人能起作用。"墨菲打趣道。救援人员永远不会直接使用实验室里最新、最具创意的机器人，不管它有多酷炫。"在灾难救援中使用的机器人永远是已经使用过的机器人。人们没有时间去学习新东西。救援队伍的管理者肩负着责任。如果他们使用了新奇特的设备，结果却搞砸了，他们就会丢掉工作。而且在某些情况下，机器人的确会让事情变得更糟。我们这些技术人员经常认为，有机器人总比没有好。但其实不是这样的。机器人可能让事情变得更糟。在 2010 年的派克河矿难中就发生过这样的事情。当时 4 个机器人进入了矿井，但在一次爆炸中丧失了运行能力，结果它们完全堵住了进入矿井的唯一道路。"

第三个教训是，人类和机器人的互动是关键。"机器人在执行关键操作时出现故障，超过一半都是由人为失误造成的。"墨菲说，"但大多数时候，这不是操作人员的失误；而是设计者给机器人设计的界面太糟糕了。这永远都是机器人应用方面最大的障碍。"

🕐 美国华盛顿州西雅图，2046 年 9 月 26 日

上午 11:20，尼罗河总部

迈克尔和史蒂夫尝试了好几分钟，费尽力气也没能打开大门。他们只能接受被困在七楼的现实。地震使门框变形，不管他们怎么推、用东西怎么砸，都撼动不了通向楼梯间的那扇沉重的防火金属门。他们显然不能坐电梯——整栋大楼都没有电。而且在千年一遇的地震灾害中进入电梯，无论如何都不是一个好主意。"也许我们可以在这里待着，等候救援。"史蒂夫说。

迈克尔看向窗外，试图保持清醒。刚才发生的一切就像一场漫长的噩梦。他努力回想莉兹向他描述过的最糟糕的情况。水能淹到大楼第五层吗？第六层呢？他不确定待在这里是否安全，但目前他们只能在七楼等着，别无他法。

迈克尔和史蒂夫一直试图保持高昂的斗志，但现实让他们无法不感到绝望。从他们所在的窗口，可以看到海啸横扫过西雅图市中心，冲击着他们这座大楼。海水一波又一波地上涨，把汽车、摩托车和成吨的碎片砸在他们下面楼层的窗户上。有一小段时间，他们松了一口气，因为他们发现海浪的力量正在减弱，他们的楼层还没有被洪水淹没。但紧接着，迈克尔最担心的事情发生了：随着一声可怕的声音，这座建筑物向一边倾斜了 5 度。海啸的巨浪使它失去了平衡，尼罗河总部现在像比萨斜塔一样倾斜着。

他们明白，必须迅速离开。但首先得让别人知道他们在这里。迈克尔伸手去拿口袋里的手机，希望手机服务已经恢复了，然而并没有。他们开始大喊大叫，通过电梯的门缝呼喊，拼命敲打窗户和通气管——利用一切可以传递声音的东西，让他们的声音传出空荡荡的、孤立的办公室。他们不知道楼里还有多少人，不知道楼下的同事是否安全，也不知道楼上的同事是否也有同样的想法并且设法爬到了楼顶。

终于，有某件东西，而不是某个人，听到了他们的呼救。迈克尔注意到，有几架无人机在大楼周围盘旋，他立即走到窗前，挥舞手臂，大喊大叫，敲打着破裂的玻璃，希望机器人的摄像头和声音传感器能捕捉到他们的存在。虽然花了一些时间，但最终一架无人机悬停在他们楼层的同一高度上，在玻璃的另外一边，倾听着他们的呼喊。迈克尔和史蒂夫喊出他们的名字，解释他们是如何被困在这里的。他们甚至不知道这样做是否会有帮助，无人机是否能以某种方式将他们的信息传递给某个人——但迈克尔心里踏实了些，他想，也许莉兹正在另一边以某种方式观看着、倾听着。

下午 2:35，联邦紧急事务管理署办公室

通过海滨上空的无人机，莉兹在屏幕上看到了海啸的巨浪。她看着海水淹没了海滨，淹没了那个酒吧和人行道。就在那天早上，她和迈克尔还在那里吃着阳光早餐。接着，海啸的巨浪袭击了海滨身后的城市，摧毁了街道和桥梁，把汽车和卡车像玩具一

样卷了起来，最终砸在市中心摩天大楼的第一层上。她在屏幕上看着这一切静静地发生，想象着它在几千米外的现实世界中发出的可怕声音，这真是一种超现实的体验。海浪的力量现在开始减弱，水位开始下降。是时候采取行动了。

在中控室的大屏幕上，莉兹可以看到几十个不同颜色的点，它们在城市的不同地方标记着机器人的位置。红点是无人机。它们成群结队，像鸟儿一样飞行。它们可以覆盖很远的距离，并且足够敏捷，可以在建筑物之间穿行，并停留在柱子和墙壁上。莉兹派出了大量的无人机，把它们送到市中心和城市里地质条件最脆弱的地区。通过相机、激光传感器和麦克风，它们可以绘制出三维地图，帮助救援人员。与此同时，这些无人机还在重要节点上投放了短程的、低功率的发射器和接收器，以解决移动电话网络中断的问题，并为救援人员建立专用的通信网络。

蓝点代表两栖机器人，它们相当于人造的蜥蜴和鳄鱼。一旦海浪开始消退，它们就会立即部署到洪水泛滥的地区，寻找被困在车里、家里或抓住碎片漂浮的人。它们正在帮助莉兹及其同事检查城市的损失情况，搜寻幸存者，寻找进入受损建筑物的入口。它们还能同时切断电缆，清除碎片，为救援队伍清理出道路。黄点则是四足机器人，它们可以在建筑物和房屋中完成繁重的工作：疏通通道；扑灭小型火灾；接触到幸存者；运送水、药品和工具；与救援人员沟通。它们身上都装有相机和其他传感器，可以分析现场情况，判断地面是否太软，水面是否可以穿越。它们还有手臂——实际上，是某种介于手臂和大象鼻子之间的东西——可以伸进弯曲的管道，穿过墙上的裂缝，移动物体，

或者紧贴在管道上，以便听到建筑物中人类的声音。

在中控室里，十几个同事围在莉兹身边。他们手舞足蹈，模样在外行看来似乎正在进行一场前卫的舞蹈表演。他们穿着的外衣和戴着的手套都是由合成纤维制成的，头上还戴着虚拟现实（VR）头盔。头盔遮住了他们的眼睛，他们在空中挥舞着手臂，指指点点，拖着想象中的物体四处走动，爬上看不见的台阶。他们伸展手臂，像鸟儿在空中改变方向时那样向一侧倾斜。

他们其实是在远程控制一些机器人。这些机器人已经到达救灾现场最关键的地方，已经无法依靠自主控制来进一步行动了。人类的动作被外衣和手套上的传感器捕捉后，转化为指令，传输到机器人的机载计算机上。利用机器人的摄像头和麦克风收集来的图像和声音，虚拟现实头盔可以创建出每台机器人运行区域的实时三维视图。通过这种方式，莉兹的同事们可以像坐在机器人体内一样，实时感知周边环境并做出动作。他们身处几千米之外，但就像置身现场一样。

莉兹不知道的是，最终，就是这些机器人中的一个，会在地图上的某个地方救出迈克尔。

🕐 瑞士洛桑、苏黎世和卢加诺，现在

在研究人员看来，搜索和救援是移动机器人最有前景的应用方向。灾后的紧急情况会给救援人员带来意想不到的情况，需要

很多身体技能和认知技能来对付它们。然而，与人类处理多种任务的能力相比，大多数机器人都是为单一任务设计的——用于飞行的无人机，用于在崎岖地形上移动的行走机器人，以及用于拾取和放置物体的机械手。然而，尽管今天仍然很少看到人形机器人擅长做一种以上的任务，或者同时执行两种任务，但人形机器人的确可以行走、操纵机械、驾车，甚至驾驶飞机。那么，这些人形机器人在执行搜索和救援任务时，能执行多种任务吗？为了回答这个问题，2015 年 6 月，美国国防部高级研究计划局（Defense Advanced Research Projects Agency，DARPA）在加利福尼亚州的波莫纳测试了几个人形机器人在灾难救援时的能力。主办主为这次的机器人挑战赛准备了 200 万美元的奖金，授予能在最短时间内自主完成灾后典型救援任务的人形机器人——开车到建筑物前，下车，找到一扇门，转动门把手并进入建筑物，找到并关闭一个阀门，爬楼梯，断电并把电缆重新连接到另一个插座上，抓起螺丝刀在墙上钻一个洞。获胜的机器人是来自韩国先进科学技术研究所（Korean Advanced Institute of Science and Technology）的 Hubo，它花了大约 45 分钟完成了任务。但在比赛期间，这些任务不得不大大简化。对于机器人专家来说，这是一项伟大的成就，是他们几个月努力工作的结晶。而对于人类救援人员来讲，他们可能只需不到十分钟就能完成同样的任务。第二名是由波士顿动力公司制造、由佛罗里达人类与机器认知研究所（Florida Institute for Human and Machine Cognition）负责编程的阿特拉斯（Atlas）人形机器人。它只比 Hubo 的用时长了 5 分钟，但在最后向热情的人群挥手时却摔倒了。

机器人之梦
智能机器时代的人类未来

　　大众媒体将它的摔倒描述为一次失败。超过 250 万人在油管上观看了机器人摔倒时悲喜交加的视频剪辑。但这并不是一次失败。这一次机器人挑战赛以及世界各地最优秀的计算机科学家和工程师的努力生动地表明，完成这些任务，即使是以简化的方式来完成这些任务，也需要比自动驾驶汽车更多样化、更复杂的活动能力和认知能力——而人工智能到现在还没有完全掌握自动驾驶汽车的技术。但技术的发展很快。自 2015 年 6 月以来，波士顿动力公司不断发布新版本的阿特拉斯人形机器人。该公司开发的阿特拉斯人形机器人在机器人挑战赛中被许多团队使用，它们能够在雪地里行走，摔倒后能重新站起来，可以举起沉重的箱子，甚至还能翻跟头。该公司没有透露这些机器人的操作细节，所以很难在现实场景中评估这些机器人的能力；但人形机器人的学术研究无疑在各方面都取得了进展。我们相信，到 21 世纪末，人形机器人将与人类并肩工作，并取代人类执行包括搜索和救援在内的危险任务。

　　与此同时，来自瑞士大学和初创企业的机器人专家团队，包括我们在洛桑联邦理工学院（Ecole Polytechniqe Fédérale de Lausanne，EPFL）的实验室，在搜索和救援方面正在采取另一种技术路线。瑞士的机器人专家们并没有把赌注都押在一个复杂的机器人身上，他们正在研究一套由若干个专业机器人组成的多机器人救援系统——无人机、行走机器人、两栖机器人，它们在分布式人工智能的帮助下，在彼此之间以及和人类之间共享信息。他们认为，这种"瑞士军刀"式的策略，也就是根据情况部署最合适的机器人，可以最大限度地避免失败，能更好地促进和利用简单机器人取得的进步，并随着这种技术的逐步普及，为专业救援人员提供更大的灵活性。这一研究项目由瑞士国家科学基金会（Swiss National Science Foundation）赞助。他们没有提供数百万美元的现金奖励，而是让研究人员有机会与救援团队合作，参加他们的训练活动。在模拟救援行动中，人类和机器人并肩工作，应对倒塌的建筑物、火灾、洪水和搜寻被困人员。对于研究人员来说，这种经历既令人羞愧，又很珍贵——羞愧是因为我们意识到实验室原型和现实世界中的应用还有很长的距离；珍贵是因为我们了解了灾后紧急情况下哪些地方最需要使用机器人，以及人类救援人员更愿意用什么样的方式使用它们。

如何让空中和地面机器人加入搜救任务？我们先从无人机说起。今天，大多数商用无人机有两种形状：或是有固定的机翼（固定翼无人机）——就像商业客机的机翼一样，只是比商业客机的机翼小得多；或是像直升机一样有螺旋桨（旋翼无人机），最常见的就是有四个螺旋桨的四轴飞行器。就像更大的、载人的固定翼飞机和直升机一样，每种无人机都有它们的优点和缺点。在同等重量的情况下，固定翼无人机可以飞得更快、更远，而且比旋翼无人机更容易驾驶、建造和维护。这些特性使它们非常适合在车辆无法迅速抵达的受困地区开展救援，或者在对人类有危险的偏远地区（如核设施或喷发的火山）收集宝贵的信息。然而，旋翼无人机比固定翼无人机用途更多，它们可以垂直起降，在空中加速、减速或者悬停，以极小的半径转弯，起飞和降落需要的空间更小。这些特性使它们非常适合在受限的空间中降落，例如通过森林中的一个小缺口降落或者降落在建筑物顶部，以及在悬停状态下连续监视感兴趣的物体。有些无人机的翅膀可以扇动，类似昆虫或鸟类的翅膀。这种扑翼无人机在敏捷性上与旋翼无人机几乎一样，但在效率上与固定翼和旋翼无人机相比仍然很低，而且也很脆弱。因此这种无人机主要还停留在实验室阶段。如果在电动机的能源效率上有了重大突破，或者发明出可以媲美螺旋桨的持久性新型人造肌肉，扑翼无人机将具备和那两种无人机竞争的资格并飞出实验室。到那时，这种无人机将结合起固定翼和旋翼无人机的优点。

在洛桑联邦理工学院的实验室里，我们试图整合不同类型的无人机的优势，将它们集中到一个可以改变形状和运动模式的变形机器人当中。在自然界中，许多动物都可以改变自己的形状，以便在不同的环境下能更有效地移动。[4] 例如，吸血蝙蝠会飞，它会先降落在猎物旁边，然后用翅膀的尖端在地面上无声地行走，最终跳到猎物身上。这种远距离飞行和在地面上行走的能力对于到达化学物质泄漏地或核沉降物区域以及在地面上进行准确检查非常有用。我们以蝙蝠为灵感，制造了无人机。它有可伸缩的机翼，外缘可以旋转。[5] 在空中，这架无人机可以像传统的有翼无人机一样飞行，并使用机翼尖端改变飞行方向；在地面上，它可以收起机翼，减小占用的空间，并改变重心位置以提高平衡性，同时旋转机翼，用机翼尖端作为带尖刺的轮子在不规则的地面上行动。另一种版本的变形无人机是一个四轴飞行器，在中央骨架的两端有两个带尖刺的轮子，四个装有带螺旋桨的、可以折叠在一起的桨臂。[6] 这种无人机一旦降落，就会折叠成一半大小，依靠带尖刺的轮子在地面上快速移动。它的螺旋桨桨臂拖在身后，可以在倒塌的建筑物中，为救援人员提供狭小空间中前所未有的清晰画面。一旦检查任务完成，无人机将展开桨臂，飞回指挥中心。

机翼变形技术在飞行中也很有用。在自然中，猛禽会展开宽大的翅膀，获得强大的空气动力，以便快速转弯和减速，进行敏捷的机动动作；但当它们想在天空中以线性轨迹快速飞行时，就会把翅膀收紧贴近身体，以减少空气阻力和能量消耗。同样，我们以鸟类为灵感的无人机使用人造羽毛制造的翅膀和尾巴，它们也可以像鸟类的翅膀和尾巴一样折叠，以便飞越更远的距离。它们还可以承受强风，在建筑物周围进行急转弯，并以更慢的速度飞行而不会失速。[7]另一种变形无人机是我们与苏黎世大学（University of Zurich）的同事们一起开发的。它是一个四轴飞行器，桨臂可折叠，并有基于视觉的稳定系统。[8]这架无人机可以在飞行中缩小身体，通过一个狭窄的孔洞进入建筑物。它可以收回前桨臂以接近物体进行检查，甚至可以使用桨臂抓住物体移动到另一个位置再放开。

而说到地面机器人，迄今为止在救援行动中使用过的所有机器人都是依靠履带或者轮子移动的，它们在崎岖的地形上移动起来都有困难。只要想想一辆车可能有多少种方式被困住，就知道这有多麻烦了。汽车不能爬楼梯，很容易陷在泥里，很难克服障碍或在缝隙间前行——这些问题是大多数用四条腿走路的动物所没有的。而用腿移动恰好是机器人技术中的一个难题。这个问题无法用老式的、传统的控制策略来解决。在传统的控制策略中，机器人的每一个动作都是按照预先设定的顺序精确执行的。

地面上的每一个洞，每一个额外的坡度，每一块移动的石头都可能使机器人失去平衡，这需要改变下一个预先设定好的"正确"步骤。

马尔科·赫特（Marco Hutter）利用机器学习技术在过去几年内取得了巨大的成功。他在苏黎世联邦理工学院的实验室里，制造出一个四足机器人，创造性地解决了机器人的移动问题。他将这款机器人（或者叫机器狗）命名为"ANYmal"，既体现出它的生物灵感，也体现出它可以前往任何地方的雄心壮志。ANYmal 非常灵活，可以爬斜坡和楼梯，跨越障碍，穿过沟渠和管道等缝隙，还能俯身躲开悬挂的障碍物。它配备有摄像头和激光传感器，以及所需的所有计算能力，可以自主探索和绘制未知环境的地图。

为了让 ANYmal 学会走路，赫特巧妙地将计算机模型和真实世界里的实验结合起来。机器人专家通常会在计算机上构建一个机器人模型，在计算机上先对控制程序进行测试，然后再部署到机器人上。然而，根据基本原则开发出精确的计算机模型非常困难。例如，由于带宽限制、摩擦或饱和效应，以及通信延迟等，机器人的关节制动器通常不能完美地执行收到的指令。赫特的团队提出了一种新方法，将真实机器人上的传感器收集到的数据直接传给计算机仿真模型，从而缩小仿真模型与现实之间的差距。他的模型生成了训练神经网络所需的大量数据，其中包括在极具挑战性的地形上应该采取的步态，这些都可以部署在实际的机器人上。[9]

赫特的团队与卢加诺的卢卡·甘巴德利亚（Luca Gambardella）

以及世界各地的其他团队一起，赋予他的四足机器人机器学习的能力，使它可以根据早期经验预测地形的性质。目前，ANYmal又进一步升级，它的手臂可以在走路时操纵东西——例如，打开一扇门，启动一个开关，或者转动一个转盘。

正如墨菲指出的那样，在救援人员可以足够信任它们之前，这些机器人需要在日常的应用场景下，得到大量的使用。在此期间，苏黎世联邦理工学院的衍生公司ANYbotics已经开始将ANYmal四足机器人商业化，把它们用于工业检测领域。他们的最新产品可以部署在各种场景下，从海上风电场、石油和天然气现场、大型化工厂和建筑工地，到下水道和地下矿山，都可以自主地完成视觉、热成像、声学和地形检测任务。

有一天，像ANYmal这样的机器人可能会在救灾工作中改变游戏规则，特别是当建筑物、工厂和发电厂受到损害时，它们就能发挥更大作用。但是，正如我们以西雅图为背景的虚构故事显示的那样，也正如罗宾·墨菲所指出的那样，许多救灾场景并不是在陆地上移动，而是在水中移动，或者更糟，要在洪水、飓风或海啸过后常见的半水下环境中，在水下和陆地之间不停地转换。在这种情况下，这种模仿狗移动的机器狗ANYmal可能会被困住。

真正能派上用场的是可以像两栖动物一样毫不费力地在水中和地面上移动的机器人。多年来，我们的同事奥克·艾斯佩特（Auke Ijspeert）在洛桑联邦理工学院一直在研究和建造这样的机器人。动物学家把两栖动物和爬行动物的步态描述为"爬行"——它们的四条腿在身体下方横向伸展，而不是像哺乳动物的腿那样垂直伸展。当它们行走时，沿着它们细长的身体会形成波浪状的横向移动，这很容易让人想象到它们的祖先生活在水中的形态（鳗鱼和其他蛇形鱼类就是这样游泳的）；这种特点也是让这些动物在陆地和水下都能轻松移动的原因。它们的重心非常低，可以在泥泞、不规则和不确定的地形上稳定移动。

在位于洛桑的联邦理工学院的实验室里，艾斯佩特耗费多年心血制造机器人，并不断重塑它们的步态。这样的机器人有一天可以用来检查水下的基础设施，比如桥梁支柱，或者在洪水地区、建筑物内部执行救援任务。他说："我们的目标，是把它们送到搜救犬无法到达的地方。这种地方要么太危险（狗和人类救援人员都一样，不应该在没必要的情况下去冒生命危险），要么对于搜救犬而言根本无法行走。"

艾斯佩特的第一个机器人模仿的是蝾螈。它是一个模块化的机器人，由一系列相互连接的单元组成，模仿真实动物的脊柱系统。[10] 机器人的大脑会触发一种横向移动模式，从一个单元传递到另一个单元，让这根脊柱产生水平振动。脊柱的震动频率在水中和地面上是不同的。当机器人在地面上时，它的四条短肢将躯体举离地面，举到刚好可以行走的高度，然后它的脊柱会左右摆动，以一种典型的两栖动物的蛇形方式移动。紧随蝾螈机器人（*Salamandra robotica*）之后的是一款更复杂的机器人，名为"Pleurobot"，它有更多的关节和传感器，能在水中爬台阶。[11] 2015 年，BBC 找到了艾斯佩特。他们的制片人想要一款机器人，可以在非洲与鳄鱼们混在一起，协助拍摄这些生物。艾斯佩特的团队通过观察照片并多次参观洛桑的自然历史博物馆，研究鳄鱼和巨型蝾螈的形态，终于做出了 K-Rock 机器人。在它的人造骨架中，头部和颈部各有三个关节，脊椎有两个，每条腿上有四个，尾巴上有三个。通过真实动物的视频，艾斯佩特和他的团队可以精密地调整运动控制系统。K-Rock 机器人是为英国广播公司（BBC）的系列纪录片《荒野间谍》（*Spy in the Wild*）量身打造的。机器人身着防水的鳄鱼皮，可以帮助摄影师团队近距离拍摄尼罗河的成年鳄鱼和幼鳄。

但是，K-Rock 机器人未来的工作将是在洪水暴发地区完成搜救任务。与它的两栖型机器人前辈相比，它更轻、更有力量，可以把自己抬升得更高，还可以携带更多的有效载荷。此外，它还便于携带，这对于救灾机器人来说是一个不可忽视的特性。它的重量不到 5 千克，整机的部件可以分拆下来，装入手提箱大小的包装中。2020 年，K-Rock 成功通过了实验室条件下的测试。它现在能够在行走、爬行、游泳之间自由切换，可以钻过 15 厘米高的通道，可以在狭窄的走廊间穿行。但在救援人员将其送入倒塌的和被洪水淹没的建筑物寻找幸存者之前，它还要学会在各种泥泞的地面上行走的技能。

"它还缺乏很多传感器。"艾斯佩特承认道，"为了让机器人能像动物一样行走和游泳，你需要知道身体和皮肤上承受的载荷，以及相互作用力。但它们很难测量出来。除此之外，最大的挑战就是控制部分。如何在电机和传感器之间建立闭环回路？如何在不同的地形下运动？机器人如何决定何时从游泳切换到爬行和步行，如何针对给定的地形选择最佳的步态？"

在未来的年月里，机器人将获得越来越高的智能、自主性和移动能力，但在搜索和救援任务中，人类将继续扮演指导者的角色，并在必要时进行干预。到目前为止，来自机器人摄像机和其他传感器的数据无论是质量还是数量都受到极大限制，其中有时间延迟的原因，也有无线网络和互联网协议的低带宽的原因，这使得实时远程操作变得相当困难。在不久的将来，5G 无线通信网络将能够以最大 1 毫秒的延迟接收视频和声音数据，并实现对机器人的实时控制。但正如罗宾·墨菲指出的那样，机器人和人类之间的交互界面至关重要，一定要建立起简便易懂以及信息丰富的双向交流通道。如今，大多数远程遥控机器人的界面都是由键盘、视频显示器、触摸屏或遥控器组成，操纵这些东西需要培训，以减少在执行关键任务时发生人为错误的风险。[12] 例如，传统的无人机控制器就不够直观，需要操作人员长时间练习才能熟练。[13] 相比操纵杆和键盘，自然的肢体动作对于控制机器人而言可能是一种更直观的方法。为此，瑞士的机器人团队开发了一系列可穿戴技术，可以检测人体的自然运动，并把它们转化为机器人的指令。卢加诺大学（University of Lugano）的研究人员关注的是机器人在人类视线范围内的情况。[14] 他们在智能手环中嵌入了人工智能，可以让人类用指挥狗的手势召唤无人机和四足机器人。人类可以指向无人机，并指示它在地面上的某个位置着陆。或者指向四足机器人并将手臂移动到搜索位置，让它沿着所需的方向进行搜索。

在洛桑联邦理工学院的实验室里，我们的研究重点在于控制视线以外的机器人。我们的目标是开发可穿戴技术和相关软件，让人类像机器人一样感知和行动。这有点像詹姆斯·卡梅隆（James Cameron）在电影《阿凡达》（*Avatar*）中展现的那样，人类进入一个与他是共生关系的机器人当中，将他们的大脑和身体与那些能飞的动物的大脑和身体连接起来。但我们希望能更进一步，让共生机器人完全可以穿戴在身上。我们与研究神经科学的同事们合作，在虚拟现实中进行了一系列实验，以了解人类如何利用自己的身体飞行（如果人类可以飞行的话）。[15] 基于这些数据，我们开发了一种柔软的外骨骼，我们称之为"FlyJacket"，它将视频反馈、风声以及空气动力等信息从无人机传递给人类，并将人体的运动转化为无人机的飞行指令。[16] 伊夫·罗西（Yves Rossy，绰号"飞人金刚"）是第一个将喷气动力机翼绑在背上飞行的人。他在媒体上看到了 FlyJacket 的新闻，并要求尝试一下。当伊夫坐在我们实验室舒适的凳子上平稳地移动躯干、头部和手臂时，他告诉我们，他感觉自己就像在空中一样，身体的动作就好像他正在用喷气动力翅膀在空中飞行。从那以后，数百人在公共活动中尝试使用了 FlyJacket，所有人都可以在没有任何事先训练的情况下进行飞行，即使是那些从未驾驶过无人机或玩过电子游戏的人也可以这么做。大多数人都会张开双臂，用躯干操控无人机，同时依靠头部的转动，通过安装在无人机上的前置摄像头来观察周围的环境。与传统的远程控制系统不同，FlyJacket 不需要用手操作。为此，我们开发了智能手套，佩戴者可以触摸拇指和其他手指，在无人机看到的地图上放置指针。救援人员可以使用 FlyJacket 控制无人机勘测灾区。他可以用红色指针标记出有人需要帮助的位置，用蓝色指针标记出被洪水淹没的地区，用绿色指针标记出安全区域——所有这些都是由一个人实时精确地完成的，而不需要事先学习控制无人机的复杂操作。

我们目前正在研究机器学习的方法，希望对共生机器人的控制能够更加个性化，可以根据不同人的身体姿势、运动风格和形态，为他们量身定制控制指令。[17] 我们相信，可穿戴技术加上机器学习，再结合 5G 网络，这些将会在人类和智能机器人之间创造一种新的共生形式，并通过机器人的身体大幅提升人类的远程操控能力。

在研发用于救灾行动的新型机器人方面，瑞士团队并非孤军奋战。几年前，欧洲的伊卡洛斯项目（ICARUS）就提出了一个包括空中、地面和海上车辆与专用通信网络相结合的异构机器人团队的概念。[18] 它包括两种无人驾驶的履带式地面车辆，一种能够在水面上自主导航的水面胶囊仓，各种尺寸大小的无人机，以及接受空中和地面机器人发回数据的绘图工具。另一个欧洲项目 TRADR 将研究重点集中在救灾场景中的人类／机器人协作团队——特别是履带式机器人。在 2016 年意大利中部地震后，这个人类／机器人协作团队被部署在那里，用来检查受损的建筑物。[19]

在大西洋彼岸的哈佛大学，罗伯特·J. 伍德（Robert J. Wood）教授十多年来一直在研究昆虫大小的飞行机器人。他的微型机器人被称为机器蜜蜂（RoboBee），但它的灵感更多的不是来源于蜜蜂，而是苍蝇。2013 年，它首次证明了自己具有可控飞行的能力，此后又获得了游泳、栖息和在空中旋转的技能。[20] 它们的重量只有 100 毫克左右，细长的昆虫翅膀附着在一个垂直的结构上。它们就像一根顶部有翅膀的火柴棒，底部有 4 条小腿支撑。它们令人印象深刻的一项成就就是翅膀的扇动频率——每秒超过 120 次。

为了实现如此快速的扇动，伍德的团队没有使用大多数机器人使用的电磁马达。尽管电磁马达的效率非常高，但很难做到如此微小的尺寸。他的团队开发了基于陶瓷条的压电驱动器，当电流流过时，陶瓷条会改变自己的形状。

在机器蜜蜂的设计中，另一个具有挑战性的部分是找到控制其飞行的方法。对于如此轻、如此小的无人机来说，一阵风就可能会成为摧毁它稳定性的力量。伍德的团队开发出了一套算法，在一台独立于无人机的计算机上运行，这个算法可以单独控制每个机翼，仔细平衡每个机翼向上和向下的速度，以保持机器蜜蜂稳定地朝着预定的方向飞行。改良版的机器蜜蜂安装了一些额外组件，包括一个微型浮力仓，可以帮助机器蜜蜂潜入水中，从飞行模式切换到游泳模式；也可以帮助它向水面移动，并跃出水面，然后恢复飞行模式。[21]另一种改良型的机器蜜蜂在四只小脚上涂上了电胶材料，可以在各种表面上栖息。[22]还有一种可以在空中悬停和旋转，并可以精确地降落在一美分硬币大小的地面上。[23]

这样一群如此微小却高度可控的机器人，每个都带有传感器来感知周围的环境，都能在不同的环境中移动。它们除了可以在农业领域完成授粉工作，还可以在救灾领域找到很多用武之地，从而实现伍德的最初愿景。

在私营企业当中，美国波士顿动力公司已经开发出了几款四足机器人，用于军事和民用领域，其中包括 BigDog、Spot 和 Spot Mini，以及人形机器人阿特拉斯。它们在油管网（YouTube）上的视频经常引起轰动，从阿特拉斯的后空翻到 Spot Mini 用可伸缩手臂抓住并转动门把手开门，视频里的机器人展示的技能令人印象深刻。然而，在这些机器人的系统和性能方面，没有任何公开信息。对于一家私营公司来说，这是一个可以理解的选择。

2019 年至 2020 年，美国国防部高级研究计划局的机器人挑战赛关注的重点是地下空间。这些挑战赛进一步推动了机器人在极端环境下的自主能力的发展。

关于城市场景的测试是在华盛顿州一座未完工的核电站里进行的。机器人必须爬上楼梯，穿过有急转弯的狭窄走廊，然后检查洞口；人们根据它们在整个过程中识别出排放二氧化碳的物体和发热物体的正确率给它们打分。在比赛过程中，机器人大部分时间必须自主工作，因为工程师发出的无线电信号无法到达那里。这场比赛的获胜者是 COSTAR 团队，他们隶属于美国国家航空航天局喷气推进实验室（NASA Jet Propulsion Laboratory），其目标是设计一个由自主机器人组成的团队，在其他行星的地下洞穴中寻找生命迹象。在机器人挑战赛中，COSTAR 团队从波士顿动力公司租借了两台 Spot Mini 并进行了改装，为它们安装了定制的控制单元，以及在黑暗的走廊中穿行和上下楼梯的定制算法。

由马尔科·赫特领导的瑞士团队最终赢得了这次机器人地下挑战赛的最后一项比赛。在这项比赛中，机器人的任务是穿越一个类似地铁的地下隧道，以及若干地形崎岖、能见度极低的天然洞穴和通道，同时搜索物体并将其位置报告给控制站。赫特的团队用了 4 个 ANYmal 机器人，外加洛桑联邦理工学院实验室提供的笼状无人机，获得了 23 分（即识别出赛道上放置的 40 个物体中的 23 个）。赫特评论说："每个参赛小组都在使用不同的机器人；因此，在研究小组从事的领域各不相同、相互难以复制的情况下，这些竞赛是一种实施基准测试的好方法。"他还说："这些挑战赛让我喜欢的一点就是，直到最后一刻都有很多不确定性。你必须在事先不知情的情况下经过非常特别的地点，这需要让你的解决方案保持通用性。这也是我们在机器人领域要面对的一个关键问题：如何保持通用性，使我们的机器人能够解决不同的问题，甚至是我们无法预测的问题？"

国际挑战赛对自动驾驶汽车的发展至关重要，可以肯定的是，它们在塑造救援机器人的未来方面也将发挥很大的作用。它们将平台、算法和人机界面的发展推向极致，在本章中我们想象中的灾难发生后，它们能够拯救生命——许多的生命。更重要的是，这些挑战赛表明了社会对机器人领域的兴趣，并推动每个人——包括研究人员和政策制定者——将其放在重要的位置上。与我们在这本书中讲述的其他故事不同，在这个故事中我们想象的技术模块在很大程度上已经存在。现在缺少的是在救援领域进行技术投资的政治意愿，而这一点将会塑造一个不同的未来。

🕐 美国华盛顿州西雅图，2046 年 9 月 26 日

下午 3:40，尼罗河总部

迈克尔和史蒂夫现在安全了，但他们一辈子都不会忘记那两

个小时。他们被困在七楼，大楼向一边危险地倾斜着，他们几乎失去了活着离开的希望。就在这时，他们听到了电梯方向传来金属弯曲的声音。接着他们看到，两扇门中间裂开了一道缝，一个机械臂出现在门缝中，逐渐把门完全打开。最终，一个敏捷的四足机器人跳进办公室，向他们跑来。后来，他们才知道，那架悬停在玻璃窗外的无人机告诉了救援人员，有人被困在他们这个楼层上。救援人员派出一个两栖机器人去检查地面情况，并找到了一条最安全——也是最干燥的向上攀爬的路线。之后，救援人员派出最强壮、速度最快的四足机器人，沿着倾斜的楼梯往上爬。它用自己的机械臂清除碎片，当发现楼梯门被堵住后，又通过电梯井到达了这里。

机器人站到楼层的地面上后，立刻就把背上的一个包裹递给了他们。包裹里装着水、能量棒和全套的急救箱——这个礼物太及时了，因为楼层的储水箱在地震中掉在地上摔坏了，而且史蒂夫在试图打开通往楼梯的门时割伤了手。他们在一栋倾斜的建筑物里，而且随时都有余震的危险，心中非常忐忑。但他们现在知道有一条路能够出去了。

终于，一群消防员乘坐直升机到达了建筑物顶层平台。他们依靠的是由无人机、两栖机器人和四足机器人发回的数据绘制的三维地图。他们用绳子快速下降到迈克尔和史蒂夫的楼层，用锤子敲开窗户，最终和他们会合了。用绳子把他们吊到顶层平台上太危险了，而且最终会花更长的时间。于是消防队员们让机器人用机械臂拉动变形的金属门，直到门弯曲到可以让人通过，然后护送迈克尔和史蒂夫上了楼梯。当他们往上爬的时候，遇到了从更高楼层里被救出来的同事们，大家一起到达了大楼顶层平台。在那里，他们一个接一个地被直升机空运到体育场馆中，联邦紧急事务管理署已经把这些地方改成了无家可归者和幸存者的避难所——这是莉兹制订的应急计划，她在这一天到来之前，审查、修改和排练过很多次。

🕐 美国华盛顿州西雅图，2047 年 9 月 2 日

在这个夏日的早晨，莉兹和迈克尔故地重游。在同样和煦的暖风吹拂下，一年前的这一天发生的事历历在目。这让他们感到脊背发凉。但他们必须来这里。在地震发生前，他们曾在这家海滨酒吧度过了一个上午。如今，这座城市终于开始复苏，酒吧的重新开业对他们俩来说意义重大。

海滨地区有一半的地方仍然是废土，人们还无法进入那些建筑物和码头，那些地方急需维修。在地震发生后的几周里，西雅图的居民、来自美国和加拿大各地的志愿者，以及来自各大洲实验室和救援机构的机器人大军联合在一起，努力让这座城市当中受灾最严重的地区恢复元气。这项工作还远未结束。成群的无人机仍在西雅图的市中心来回飞行，修复被淤泥覆盖的外墙，以及损坏的建筑结构。数十个轮式机器人也在城市的各个地方工作，清除着剩余的瓦砾碎片。至少还需要一到两年的时间，海滨地区才能恢复到以前的样子。这家酒吧并不指望现在会有太多的

顾客，但它的重新开业表明，这座城市已经开始把这场悲剧抛在脑后。

莉兹和迈克尔也在这么做。在很长一段时间里，无论他们如何努力，都总是无法让自己去想除了这件事以外的任何其他事。在地震后的几个月里，两个人都被工作压得喘不过气来。莉兹必须协调各种行动，找到每一个幸存者，确认每一个受害者的身份，评估每一栋建筑物的安全性——与此同时，她还要在国会听证会上就紧急情况的处理发表谈话和接受质询。迈克尔也一度成为黄金时段的新闻人物。他一遍又一遍地接受采访，谈论获救的过程。接着，他被公司任命负责一个新的开发项目，研究如何改善和扩大机器人在救灾工作中的应用。

现在是 9 月。两个月前的一天，他们发现自己快有孩子了。他们的第一反应是极度的恐惧：他们准备好要孩子了吗？有那么几天，他们一直在考虑是不是该搬到另一个城市去，在一个没有那么多回忆、远离灾难风险的地方重新开始。但他们最终决定留下来。"我们不能逃避风险，"一天早上，莉兹对迈克尔说，"如果说那一天教会了我们一件事，那就是必须为风险做好准备。"

3

第三章

人类的第一个火星家园

🕐 火星，2055 年 7 月

当飞船接近火星表面准备着陆时，莱拉知道会发生什么，该怎么做。这个动作她在模拟训练中已经演练过将近 100 次了。多年的训练中，她一直在研究以前的太空任务拍摄的火星东北塞提斯区域（Northeast Syrtis）的每一张照片中的每一个细节。这个区域位于火星的北半球，被认为是人类在这颗红色星球上首个殖民地的理想场所。此外，在 11 个月的飞行过程中，地面控制中心一直向她发送照片。这些照片都是在火星表面上的那些装有摄像头的火星探测车拍摄的。一周又一周，这些照片向她和她的船员们展示了火星上的那一小块土地如何在为迎接他们的着陆做着准备。尽管如此，当她最终到达这里时，眼前的风景还是让她"屏住了呼吸"——她在着陆后发给控制中心的信息中，用的就是这个词。

数百万观看着陆直播的人也屏住了呼吸——不过，他们看到的画面有 13 分钟的延迟，这是从火星到地球的信号传输时间。在火星土壤的红色背景下，矗立着十几个高大的树状结构，它们宽大的叶子迎着火星表面的微风轻轻摆动。从远处看，它们可能像地球上的沙漠绿洲，一片围绕水源生长的绿色区域，打破了沙漠的沉寂。当然，东北塞提斯区域里并没有生命——至少在莱拉领导的"五月花二号任务"（Mayflower Ⅱ mission）到来之前是这样的。这些树枝和树叶来自模仿植物制造的机器人，它们大约在18个月前由无人飞船送到了这里。从那时起，这些机器人进行了勘探、挖掘工作，它们的身体不断长大，从阳光中获取能量，并为宇航员的到来做好了准备。与1969年首次登上月球的尼尔·阿姆斯特朗（Neil Armstrong）和巴兹·奥尔德林（Buzz Aldrin）不同，这些机器人为第一批到达火星的人准备了一个舒适的居所。

经过几十年的准备，将人类宇航员送上火星仍是一项不小的壮举。但最困难的部分才刚刚开始：宇航员将在这里生活六个月，完成一系列实验和勘探任务。这是人类从未做过的事情。最终，他们将史无前例地从火星起飞，经过另一个为期一年的旅程，然后返回家园。

在准备这次着陆任务的十多年前，一些事情很快就变得清晰起来。第一，宇航员的住所至少需要一些基本的维生功能：要有带墙和屋顶的小屋，保护他们免受风和辐射的伤害；要有床、厕所、夜间的加热系统和冷却系统。第二，这些小屋的建造无法事先充分规划。土壤的成分和地面的不规则性是无法完全预测的。移动的沙丘可能会明显改变景观，这会让前期规划和实际施工之间产生巨大的差距。通过编程，让火星探测车执行一系列预定的步骤也不可行，13分钟的通信延迟还将使远程控制变得笨拙和低效。

幸运的是，早在2008年，一组意大利的研究人员就提出了一个新颖的想法，为欧洲航天局（European Space Agency，ESA）制订了一项切实可行的计划。他们的方案是部署模仿植物的机器人——他们称之为根系机器人（plantoid）。这些机器人将在火星的土壤中扎根，汲取能量和水分，并创造出适宜建造居住点的基础设施。经过近四十年的努力以及大量的研究之后，根系机器人现在正在火星上欢迎第一批人类移民者。

和我们熟悉的大多数机器人不同，也和自 20 世纪 70 年代以来访问火星的各种火星探测车不同，根系机器人的强项并不是四处走动。它们在几个月前，由无人飞船空降在火星上。它们的降落伞上装有火箭。在火箭的辅助下，根系机器人以可控的速度下降，将自己固定在火星的土壤上，并开始工作。它们展开巨大的光化学叶片为自己的电池充电，并开始一厘米一厘米地将人造根扎向土壤深处，慢慢地摧毁火星岩石土壤的抵抗。

在人类着陆前的最后几个月里，根系机器人专注在两项工作上。首先，它们的根主要采集火星的土壤样本，提取水分。火星表面土壤的水分含量约为 2%。但这些水分与其他化学物质结合在一起，不容易提取。根系机器人将收集的水装进储水箱，供宇航员们使用。其次，它们会将自己越来越牢固地固定在土壤上，直到变得足够稳定，保证要支撑的宇航员住所足以抵御这颗红色星球表面凛冽的寒风。就这样，根系机器人将成长为小屋的地基。在未来一年左右，莱拉和她的同事们会把这些小屋当作他们的家。

🕐 意大利蓬泰代拉（Pontedera），现在

到 21 世纪 10 年代初，仿生机器人已经不再是什么新奇想法

了。工程师们已经模仿蜥蜴、蜻蜓、章鱼、壁虎和蛤蜊，制造出了各种各样的机器人。这个生态系统足够多样化，足以形成《经济学人》（*Economist*）杂志在 2012 年夏天描述的"机器人动物园"（Zoobotics）。[1]然而，意大利生物学家出身的工程师芭芭拉·马佐拉伊（Barbara Mazzolai）的想法却再次令人大吃一惊：她首次提出不模仿动物，而是模仿生物王国另一种完全不同的生物来制造机器人——植物。"机器人"这个词当中有个"人"字，所以大多数人都会认为机器人至少是一种会移动的机器。但植物并不以运动见长，所以植物机器人乍一听上去可能有点无趣。

但事实证明，植物不是静止的，也不是无趣的；你只需要在正确的时间范围和正确的地点观察它就可以了。当你在观赏热带森林中那郁郁葱葱的植被，或惊叹于英国花园的色彩时，你很容易忘记，实际上你看到的只是植物的一半。诚然，你看到的可能是最好看的部分，但不一定是最有意思的部分。我们通常看到的是植物的生殖和消化系统——传播花粉和种子的花和果实，以及从阳光中提取能量的叶子。但是探索环境和做出决定的神经系统实际上位于地下，在植物的根部。植物的根可能形态丑陋，注定要生活在黑暗中，但它们牢牢地锚定住植物，不断地从土壤中收集信息，决定向哪个方向生长，以便找到营养，绕开咸水，还要避免干扰其他植物的根。它们可能不是最快的挖掘者，却是效率最高的挖掘者。它们穿透地面所需的能量只有蚯蚓、鼹鼠或人造钻头所需能量的一小部分。换句话说，植物的根是一种奇妙的地下勘探系统，而马佐拉伊提议的就是建造这样一个机器人系统。

马佐拉伊的学术道路是跨学科研究的一个很好的例子。她在托斯卡纳出生和长大。托斯卡纳位于比萨地区，这里是意大利研究机器人的热点地区之一。她很早就对研究各种生物感兴趣。她毕业于比萨大学（University of Pisa）生物学专业，专攻海洋生物学。随后，她的兴趣转移到了监测生态系统的健康上。她在这个问题上的研究使她获得了微工程学的博士学位，并最终得到了比萨圣安娜高等学校（Scuola Superiore Sant'Anna）生物机器人先驱保罗·达里奥（Paolo Dario）的工作邀请。她致力于开辟一条新的研究道路，研究用于环境检测的机器人技术。

正是在这里，在保罗·达里奥的团队中，她种下了仿植物机器人的第一粒种子。马佐拉伊回忆说，她与欧洲航天局负责新技术创新的一个小组取得了联系。这个小组研究的都是看起来很有趣但离实际应用还很远的技术。在与他们交流的过程中，她意识到太空工程师们正在努力解决的问题，植物早在几亿年前就已经出色地解决了。

"在真正的植物中，根有两个功能，"马佐拉伊指出，"它在土壤中探索，寻找水和养分，但更重要的是，它可以把植物固定住，使植物免于倒伏甚至免于死亡。"而在设计对遥远的行星或小行星进行采样和研究的系统时，如何锚定这些系统恰好是一个悬而未决的问题。在大多数情况下，无论是月球、火星，还是遥远的彗星和小行星，它们的引力都非常弱。与在地球上不同的是，航天器或探测车的重量并不足以保证它们在地面上平稳行走，唯一的选择是为航天器配备鱼叉固定器、挤压钉和钻头。但随着时间的推移，如果土壤变得松软，那么这些系统即使一开始有效，也会逐渐变得不牢靠。例如，2014年，在经过十年的旅行抵达丘留莫夫–格拉西缅科彗星（67P/Churyumov–Gerasimenko comet）的菲莱着陆器（Philae）上，这些系统就没有起作用。菲莱着陆器在下降过程结束时未能锚定在地面上，而是从地面上弹起，最终只完成了计划收集数据的一部分工作。

在 2007 — 2008 年为欧洲航天局进行的一项简要可行性研究中，马佐拉伊和她的团队发挥想象力，描述了一种模仿植物根系的航天器锚定系统。研究小组中还包括佛罗伦萨的植物学家斯特凡诺·曼库索（Stefano Mancuso），他认为植物也会表现出"智能"行为，只是这种行为与动物的完全不同——他因为提出这一理念而名声大噪。马佐拉伊和她的团队描述了一个想象中的系统，它可以将地球上植物的扎根本领复制到其他星球上，让设备通过挖掘土壤把自己固定在土地上。

在为欧洲航天局进行的研究中，马佐拉伊设想了一个航天器，以真正的硬着陆方式降落在一个星球上：撞击会在行星表面撞出一个小洞，并在土壤中以足够的深度插入一粒"种子"，与真正的种子落在地里的情况没有太大区别。从这里开始，一组机器人根系将开始生长。它们将水泵入一系列模块化的小空腔中，这些空腔会膨胀，并对土壤施加压力。即使在最理想的情况下，这样的系统也只能挖掘松软、细小的尘埃或土壤。机器人根系必须能够感知地下环境，并远离坚硬的基岩。马佐拉伊认为火星是太阳系中最适合试验这种系统的地方——比月球或小行星更好，因为这颗红色星球的重力和表面气压都很低。再加上火星上大部分是沙质土壤，更适合挖掘，因为使土壤颗粒聚集在一起并使它们紧密结合的力比地球上弱。

当时，欧洲航天局并没有推进"类植物"行星探测器的想法。"它太超前了，"马佐拉伊承认，"它需要的技术当时根本不存在，事实上现在也不存在。"但她认为，航天领域以外的人会对这个想法感兴趣。2012年，马佐拉伊来到意大利理工学院（Italian Institute of Technology）工作。她说服欧盟委员会，获得了一项为期三年的研究资助，将制造出一种模仿植物的机器人，代号为"根系机器人"。[2]"这是一个未知的领域，"马佐拉伊说，"这意味着要制造一个你预先不知道形状的机器人。它可以在土壤中生长和移动。它是一个由各种独立单元组成的机器人，可以自我组织并集体做出决定。它迫使我们重新思考一切，从材料到机器人的传感和控制，都要重新思考。"

这个项目有两大挑战：在硬件方面，如何建造一个可以不断生长的机器人；在软件方面，如何让根系能够收集和共享信息，并使用这些信息做出集体决策。马佐拉伊和她的团队首先处理硬件问题。他们将机器人的根系设计成灵活的、有铰链连接的圆柱形结构。它的驱动机构可以推动其尖端向不同的方向移动。马佐拉伊没有延续为欧洲航天局设计的延伸结构，而是设计了一个真正的生长结构。它在本质上是一个微型3D打印机，可以不断在根系的尖端后面添加材料，从而将它推入土壤。

它的工作过程如下：一根塑料丝缠绕在机器人中央主干的卷轴上，被一个电机拽向根系的尖端。在尖端内部，另一个电机将塑料丝导入一个由电阻加热的小孔，然后将又热又黏的塑料丝从尖端后面推出。马佐拉伊解释说："这是根系中始终保持不变的唯一部分。"根系的尖端被安装在一个滚珠轴承上，和其他结构独立，可以自由旋转和倾斜。塑料丝缠绕在一个金属圆柱上，就好像缠绕的吉他琴弦一样。在任何给定的时间里，新的塑料丝都会把旧的塑料丝从尖端处推开，并黏在金属圆柱上。一旦冷却，塑料丝就会变成固体，形成一个刚性的管状结构，即使新出来的塑料丝将它推到金属圆柱的上面时，也能保持形状不变。想象一下，就好像你在一根棍子上缠绕一根绳子，绳子在几秒后就会变硬。然后你可以把棍子向远处推一点，在它上面绕上更多的绳子。用这根短棍作临时支撑，你可以做一个越来越长的管子。根系的尖端是根系机器人里唯一可移动的部分；根系的其余部分只是向下延伸，轻柔却无情地把尖端推进土壤里。

在根系机器人上部的树干和树枝上，布满了柔软的、可折叠的叶子，这些叶子轻轻地朝着有光线和潮湿的方向移动。根系机器人的叶子还不能将光线转化为能量，但瑞士洛桑联邦理工学院的化学教授迈克尔·格雷泽尔（Michael Graetzel）——他是世界上论文被引用数量最多的科学家[3]——已经开发出一种透明的、可折叠的薄膜，里面充满了合成叶绿素，能够从光线中转换和存储电能。它们有朝一日可以成为根系机器人的人造树叶，为机器人提供动力。"事实上，整个根系机器人只从尖端对土壤施加压力，这是它与传统钻头的根本区别。传统钻头具有很强的破坏性。与之相反，根系机器人会寻找现有土壤中的裂缝来生长，只有在没有找到裂缝的情况下，它们才会施加足够的压力来自己制造缝隙。"

根系机器人项目吸引了机器人专家们的大量关注，因为它结合了各种引人入胜的挑战——生长、形状变化、集体决策——以及可能的新应用。环境监测是一个最明显的应用，根系机器人可以测量土壤中化学物质浓度的变化，尤其是有毒的化学物质；或者在干旱的土壤中寻找水源、石油和天然气——当然，我们希望等这项技术成熟时，人类最好已经过渡到不依赖它们作为地球上的能量来源了。它们还可以激发人们的灵感，发明出新的医疗设备。例如，更安全的内窥镜，可以在不损伤组织的情况下在体内移动。但航天领域的应用仍然是马佐拉伊努力的目标。

与此同时，马佐拉伊启动了另一个模仿植物的项目，名为生长机器人（Growbot）。这一次她关注的重点是发生在地面之上的事情。她的灵感来自攀缘植物。"从进化的角度看，攀缘植物无比强大的侵入能力，足以证明它们有多么成功。"她指出，"它们不需要坚固的茎秆，利用这些额外的能量，它们能比其他植物生长得更快、移动得更快。它们非常善于利用环境中的线索，寻找可以锚定、落脚的地方。它们利用光线、化学信号以及触觉感知。它们能感觉到在土壤中的锚定是否足够坚固，是否可以支撑植物高出地面的部分。"这个项目的想法是建造另一种生长机器人，类似根系机器人，可以在空中延展，然后附着在其他已有的结构物体上。马佐拉伊指出："根系机器人必须克服摩擦阻力，而生长机器人则要对抗重力。"也许有一天，这个新项目可以应用在探索广阔的黑暗环境中，比如洞穴或矿井。

但是，对于所有这些机器人，马佐拉伊仍然没有忘记最开始时那个充满想象力的想法：将它们种植在其他星球上，并让它们生长。"我们第一次提出这个方案时的时机还不成熟；我们几乎不知道如何研究这个课题。现在我希望能与航天机构再次开展合

作。"她指出，模仿植物的机器人不仅可以对土壤进行取样，还可以释放化学物质使土壤更肥沃——无论是在地球上还是在改造后适合人类居住的火星上，都可以这么做。除了用于锚定设备，她还设想了一个未来，机器植物可以从零开始，生长出一个完整的基础结构。她解释说："随着这些类植物机器人的生长，根系机器人的根系和生长机器人的树枝会形成一个中空结构，里面可以填充电缆或液体。"当人类在类似火星这样的恶劣环境中移民时，这种可以自主生长、自主搭建出维生站点的能力，是很有用处的。想象一下，一群类植物机器人可以分析土壤，寻找水源和其他化学物质，建立一个稳定的锚定结构，铺设好水管、电线和通信电缆。这就是宇航员在一年的火星旅行后，希望看到的结构。

🕐 火星，2055 年 7 月

关掉飞船引擎后，莱拉深吸了一口气，又徐徐吐出，然后声嘶力竭地大叫了一声。那声音如此之大，以至于她几乎没听到船员们也在尖叫。大家都在为活着而高兴。他们终于抵达了火星。地面控制室、他们的家人和朋友、地球上的每一个人都要在 13 分钟后才能得知他们平安无事的消息。而过了几乎半个小时后，他们才能听到控制室里传来的欢呼声和掌声。莱拉决定再放松几秒。前面等待他们的将是漫长而艰苦的流程，她和船员们将会走出宇宙飞船，踏上火星。他们要对宇宙飞船进行全面检查、清洁，以避免将细菌带上火星，还要穿上特制的宇航服。但目前，莱拉只是静静地看着外面的小屋，他们很快就会进到里面休息。

那里不是五星级酒店，但看起来还不错，一共三栋建筑，每栋占地约 20 平方米，高 2 米多一点，形状不规则，但大致是圆形的，隐约像在非洲、中美洲和中东曾经流行过的土坯房。在火星之旅的整个过程中，莱拉一直在跟踪小屋的建造过程——观看火星探测车传回来的照片，并像监督房屋翻修时那样提出修改建议。

在"五月花"号航行了几个月后，根系机器人完成了它们的工作，为未来的人类栖息地准备好了地基。接着，另一组机器人开始工作，为小屋建造墙壁和屋顶。施工队伍中包括几个大型的轮式机器人，它们配备了铲斗来挖掘表层土。这层土是破碎的火山岩，就位于火星那标志性的、富含铁的红色地表之下。[4] 数以吨计的表层土被挖掘出来，又被剥离掉其中的水分子和氧气气泡，压成砖块，堆积在类植物机器人生长的区域。

当准备好足够多的砖块后，一群较小的建筑机器人进入现场，开始用砖块建造小屋。尽管确实有建筑蓝图，很多情况下还是需要他们当场做出选择。不管火星上有多少辆火星探测车，也不管探测器绕火星轨道飞行了多少次，拍摄了多少张照片，工程师们永远无法充分了解火星表面的具体情况，无法对机器人建造小屋的每一步进行编程，也无法以毫米级的精度规定每块砖必须放在哪里。不仅如此，由于沙尘暴的沉积或者风的侵蚀，火星表面随时可能发生意想不到的变化。因此，这些火星建筑机器人必

须随时随地修改计划。研究人员受白蚁启发，发明了一种控制算法。白蚁是自然界最聪明的工程师之一，几十年前就吸引了昆虫学家和工程师们的注意。

⏱ 美国马萨诸塞州波士顿，现在

在某种程度上，拉迪卡·纳格帕尔（Radhika Nagpal）研究群体机器人的道路与芭芭拉·马佐拉伊的研究之路互补，马佐拉伊是动物学家，她选择机器人作为研究专业的工具；而纳格帕尔是电气工程师和计算机专家，她从生物中寻找灵感，解决令人生畏的复杂计算问题。她构建的系统由几个简单的单元组成，这些单元可以自己组装成各种形状，也可以互相协作搭建结构。这个系统里没有任何中央控制单元，只有一些局部的互动规则。她的想法同样是让机器人变得更强大、更健壮、扩展性更强。机器人专家喜欢用"扩展性"这个词，这意味着问题的复杂性不会随着机器人数量的增长而呈指数级增长。换句话说，一旦找到了解决方案，不管是十个机器人还是一千个机器人，都同样适用。

纳格帕尔在工作中的很多灵感都来源于对生物的观察。她会观察细胞、蚂蚁和白蚁是如何解决自身的建筑问题的。但她并不是天生就能从生物中获得灵感的人。"读大学时，我避开了所有的生物课。"她笑着回忆说，"我对生物从来都不太感兴趣。但我对分布式系统非常感兴趣，比如如何创建算法，让那种在一台计算机上不知道如何解决的问题可以通过多台计算机来解决，而且解决得更快。"

在纳格帕尔开始读研究生时，她参与了麻省理工学院的一个研究小组，其中包括汤姆·奈特（Tom Knight）、哈罗德·埃布尔森（Harold Abelson）和杰拉尔德·萨斯曼（Gerald Sussman）等人，他们开始了一个关于"无定形计算"（amorphous computing）的项目。纳格帕尔解释说："我们的想法是，为了建造最好的并行计算机，我们必须研究自然界中最好的并行计算机，也就是生物的并行行为。"对这一问题，不能只想到动物：你可以在蚂蚁身上找到并行行为，你也可以在细胞中，甚至在起伏不定的分子和粒子中找到类似的行为。"统计力学是一个完美的例子，它其实就是出现在不可靠的随机片段中的平行行为。"她继续说，"这种平行行为非常美，吸引我的第一个例子是细胞。在我的博士论文中，我探讨了一种由细胞组成的可变形的折叠材料的想法。一些类似折纸的规则可以让材料呈现出不同的形状。"她是在 21 世纪初提出这个想法的。这一想法很有远见，几年后才被麻省理工学院的丹妮拉·鲁斯和洛桑联邦理工学院的杰米·派克（Jamie Paik）等科学家实现（在这里仅列举这两人）。

此后，纳格帕尔在哈佛大学建立了自己的实验室，开始研究机器人的自我组装问题。这些小型机器人单元像细胞一样，或者聚集在一起形成更大的结构，或者合作建造比它们的身体大得多的东西。在她第一次尝试制造建筑机器人的时候，她采用了一种低成本的解决方案："我是一名计算机专家。我一开始真的不知道怎么制造机器人。所以一开始，我和我的学生们用乐高积木搭建

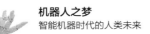
机器人。21 世纪 00 年代中期，出现了 3D 打印技术，可以把你需要实验的东西快速打印出来。它教会了我很多。我意识到制造机器人有多难，也意识到你能从制造机器人中获得多少新的想法。"

说到搭建结构，你可以通过自然界的白蚁获得最好的灵感。我们很难不对这些小昆虫建造惊人结构的能力感到敬畏。它们不是昆虫中唯一的建筑师，但它们的工作无疑是最壮观的。它们的巢，或者称为蚁丘，高达 10 米甚至更高，上面还有烟囱和尖塔。一些白蚁，比如罗盘白蚁（compass termite），可以沿南北轴线建造它们的蚁丘，这样蚁丘内部的温度在上午可以迅速升高，而在下午又可以避免过热，这是有效利用热力学的教科书般的经典例子。昆虫学家 J. 斯科特·特纳（J. Scott Turner）是世界上著名的白蚁研究权威。他长期以来一直想知道蚁巢的总体规划是如何在蚁群的集体思想中编码的。[5]

研究人员对蚁丘结构进行了多年研究，拍摄它们的结构，并对白蚁的行为进行计算机模拟，最终得出了一个简洁明快的解释。[6] 每只昆虫只遵循一些简单的、由基因规定好了的、局部的互动规则，比如"如果你前面的白蚁做了 A，你就做 B；如果它做了 C，你就做 D"。它们依靠研究人员所谓的"共识主动性"（stigmergy）❶ 来完成工作[7]，它们使用身边的环境作为交流媒介，

---

❶ 共识主动性是社会网络中生物个体自治的信息协调机制。在没有中枢控制和接触交流的条件下，群体通过同频共振，达到信息对称，个体独立行动，互相修正，自我更新，逐步完善群体的生态环境。——译者注

每只白蚁都会在自己的路径上留下一小段线索，供下一只白蚁做出选择。在寻找食物和巢穴之间的最短路线时，白蚁会沿着前面白蚁留下的高浓度的化学痕迹前进。这些化学痕迹会随着时间蒸发，最短路径就是在相同的时间内白蚁走过次数最多的路径，那上面的化学痕迹浓度最高，从而会吸引更多的白蚁。而在建造蚁穴的时候，白蚁的行为（堆积材料、继续移动、进一步挖掘、移除材料）是由白蚁当时遇到的建筑结构的状态决定的。例如，如果在某个位置堆积的材料超过了既定的高度，下一只白蚁就会在另一个位置堆积材料；如果隧道没达到既定的长度，那么下一只白蚁就会继续挖掘等。所有这些行为规则，类似于计算机指令中的"if–then"，都编码在了每只白蚁的基因里。这里没有总建筑师，没有项目经理，没有项目主管。即使是最大的、最复杂的巢穴也是由成千上万只昆虫遵循这样的简单规则建成的。这是从局部互动中产生集体智慧的经典案例。

纳格帕尔决定尝试将同样的能力赋予机器人，但她附加了一项额外功能：不仅要求群体机器人按照简单的局部规则建造一个复杂的结构，还要让人类能按菜单选择最终"巢穴"的形状。这群机器人可以在灾难发生时迅速建造起诸如避难所、障碍物甚至是大坝这样的东西。"除了共识主动性，我们从白蚁身上还学到了另一个基本概念：它们会先建造一些东西，然后爬上去，再进一步建造。"

2014年2月，纳格帕尔和贾斯汀·韦费尔（Justin Werfel）、克里斯汀·彼得森（Kirstin Petersen）合著的一篇论文登上了《科学》（*Science*）杂志的封面。在这个名为Termes的项目中，他们证明了一组小型机器人在仅依靠"共识主动性"规则的情况下，可以从一堆砖块中挑选需要的砖块，然后自主建造一个复杂的、金字塔状的结构。[8] 她的机器人虽然没有白蚁那么小，但结构很简单。它们配备了"轮腿"（whegs）——这个词是"轮子"（wheel）和"腿"（leg）的缩写，这种装置从中心向四周辐射出若干条腿的形状，形成类似轮子的结构；还配备了红外传感器来检测黑白图案，以及运用加速度计来了解自己是在爬升还是在下降；它们还配备了手臂，可以抬起和放下砖块；此外，还用超声波声呐单元来检测自己与"建筑物"和其他机器人的距离。

纳格帕尔和她的团队为这些机器人提供了图片，告诉它们希望搭建什么样的结构，然后算法会将其转换为机器人在每个位置上的运动指南——在某种意义上，搭建这个结构只需要简单的交通规则就可以了：如何在结构周围移动，如何攀爬，以及从哪边下来。规则制定好以后，每个机器人只需拿起一块砖块，绕着结构转一圈，直到找到一块特殊的、作为参考点的砖块，然后沿着交通规则允许的任何路径爬上这个结构，把这块砖放在它碰到的第一个满足条件的空白点上就可以了——这个空白点周围的几何结构需要满足某些预定条件。然后机器人会返回，重新拿起一块砖，重复这个过程。机器人"知道"的规则就只是哪里可以放新砖，哪里不可以放新砖。每放上一块新砖，机器人就改变了结构的外观，从而影响了下一个机器人的行为（这就是共识主动性）。没有一个机器人知道其他机器人在做什么，也不知道结构的施工进展到了哪个阶段，甚至不知道有多少机器人在工作。事实上，不管机器人有多少，这个系统都运行得很好；换句话说，它的扩展性非常好。

2014 年，在展示了他们的白蚁机器人后不久，纳格帕尔的团队又因另一项研究而再次登上头条，他们将群体机器人自组装的能力提升到了一个全新的水平。这一次，机器人本身就是砖块，而且有一千多块。[9] 更准确地说，是 1024 个小型的"甲虫机器人"（kilobots）。它们可以自行组装成不同的形状，比如星形或字母 K，而无须预先制订计划，也无须旁人的监督。研究人员只需为它们提供所需形状的图形；然后，4 个机器人会自行定位在关键位置，标记出一个坐标系的原点；其他所有机器人将根据局部交互规则和其他一些简单的规则移动。例如，"相对于坐标系和其他机器人，要保持在给定的距离内"。从上往下看时，它们的集体运动就像鸟儿在天空中成群结队地飞过一样。纳格帕尔设计的算法确保了数百个这样的机器人可以根据人类下达的高阶指令完成任务。纳格帕尔认为这一步对分布式机器人的未来至关重要。她说："我们将越来越多地看到大量的机器人在一起工作，无论是数百个机器人合作完成环境清理工作或者快速灾难响应，还是数百万辆自动驾驶汽车在高速公路上行驶，了解在这样的规模上如何设计一个'好的'系统至关重要。"甲虫机器人被《科学》杂志评选为 2014 年的十大科学突破之一。自此之后，甲虫机器人被开发成一个开源的机器人平台，其他研究人员正在使用它开展各类自组装和自配置的实验。[10]

在 Termes 项目的那篇论文发表之前，纳格帕尔和她的团队不得不通过阅读昆虫学论文学习白蚁的习性，就像我们每个人学习新知识时那样。直到他们的论文登上了《科学》杂志的封面后，他们才开始与生物学家斯科特·特纳及其团队合作。"在这种类型的研究中，你必须说服生物学家与你合作，"她解释说，"如果你关注的只有算法，那他们就没有理由带你去实地考察。一旦我们开始研究这个项目，而且可以展示我们的机器人正在解决斯科特在实地遇到的类似问题时，我们就有了更多的机会去找他说，'请让我们和你一起研究吧！让我们亲眼看看实际的系统是如何运作的。'"

纳格帕尔和她的团队与斯科特·特纳一起到纳米比亚进行了几次实地考察。在那里，白蚁的一些最上镜的建筑杰作令人印象深刻。"我们想看看实际工作中的白蚁，以研究在现实中涌现❶属性（emergent properties）是如何产生的，"她解释说，"它们是如何通过感知空气质量来决定要建造什么？它们从环境中获得了什么线索？它们怎么知道自己是在建造屋顶还是柱子？"纳格帕尔的团队利用自己的专业知识，在视频跟踪实验中作出了贡献。他们在实验中，用数码相机捕捉单个白蚁的运动，并用数学工具进行分析，以寻找控制它们行为的规则。在和斯科特·特纳的合作中，纳格帕尔开始反思她原始设计中的缺点。她回忆说："他指出

---

❶ 涌现，或称创发、突现、呈展、演生，是一种现象，为许多小实体相互作用后产生了大实体，而这个大实体展现了组成它的小实体所不具有的特性。涌现属性既是系统的一部分，同时又不是系统的一部分，它依赖于系统，因为它在系统中出现，但在一定程度上又独立于系统。——译者注

了我们设计中的一处特别的缺点：我们的结构太刚性了。当某件事情没有按预期的那样发生时，系统就不容易纠错。这与我们使用的材料有很大关系。"和她的机器人相比，真正的白蚁有一个很大的优势，就是它们使用一种柔软的材料——泥巴，这使它们能够纠正错误。"如果有一块乐高积木放错了，就没有办法把下一块放好。但如果我用泥巴建房子，我总是可以塞进去更多的泥巴。因此，使用这种材料的白蚁可以不用那么精细和完美。"不用那么精细和完美，这就是在不可预测的环境中，自主搭建房屋的机器人所需要的特性。

"纳米比亚之行改变了我们接下来合作的方向。"她回忆道。她和当时在她实验室里工作的博士后尼尔斯·纳普（Nils Napp）一起，设计一种可以用不定型材料建造房屋的机器人。尼尔斯·纳普现在在布法罗的纽约州立大学工作。他们的第一次尝试是一种轮式机器人，它的形状像一辆小车，可以在崎岖的地形上行驶。小车的正面安装了一个可以喷出聚氨酯泡沫的打印头，这种材料可以迅速膨胀并变成固体。事实上，聚氨酯泡沫可以膨胀得很大，这意味着机器人只携带一小罐材料就可以建造相当大的结构。在哈佛大学，纳格帕尔和纳普还对另一些机器人进行了实验。有些机器人可以投掷牙签，然后用泡沫把牙签粘上；有些可以堆积沙袋，建造用作堤坝的垂直结构。在成为纽约州立大学布法罗分校的教授后，纳普又迈出了新的一步：他现在的机器人可以使用现场找到的任何东西来建造建筑物。它们可以找到石块，然后把它们带到建筑现场，用随身携带的少量胶合材料把它们黏合在一起。2019 年，纳普成功向人们展示出，用一群具有不同建

筑能力的机器人如何使用不同的材料共同搭建一个建筑结构。这些机器人会自己选择最适合的材料，当作"砌墙的下一块砖"。[11]

随着他们取得的进步，纳格帕尔的小型建筑机器人和自组装机器人可能会用于灾难救援现场或者大型自组装结构的建造，比如我们在第一章中虚构的威尼斯大坝。但就像模仿植物建造的机器人一样，在环境最恶劣、最不可预测，且来自地球的指令无法实时控制机器人的行星探索中，这种自我生长和自我组装的机器人有朝一日会证明自己的价值。

🕐 火星地面，2055 年

"好了，伙计们，请带好你们的护照，我们该去酒店登记了。"

在走出飞船之前，航天员们花了近一个小时的时间，遵循严格的程序，开展全面的检查。当莱拉在平板电脑上打上最后一个钩时，她终于可以微笑着宣布检查完毕了。全体船员和她一起露出了笑容。所有人已经准备好踏上火星的土地了。他们会走几百米，进入被他们称作"家"的小屋。他们就像一群准备从旅游巴士上下来，拖着行李到旅馆前台的游客一样——只不过，他们都穿着宇航服，而且他们即将参观的地方其他游客从未去过。

当莱拉按下按钮时，航天员们在她身后排成一排。大家一起等待舱门打开，然后开始他们的梦想，在火星表面散步。他们和地球上无数的居民一样，都怀揣着这个梦想。众人向小屋走去，一路上贪婪地观赏着火星的景色——由于早已看过探测车拍摄的数百张照片，这些景色如此熟悉，但对于人类的眼睛来说又是如此新鲜，令人震惊。

他们大约花了五分钟时间走到小屋，那里有一小群白蚁机器人聚集在一起迎接他们。这是休斯敦地面控制中心为他们安排的一个小小惊喜。

他们走进主屋，环顾四周。这座建筑物看上去很坚固，令人放心，而且比他们想象的要宽敞得多。室内的温度出奇地舒适。模仿植物制造的机器人像柱子一样支撑着整个结构，从它们身上长出的管道沿着内墙和地板延伸。叶子机器人捕捉到的阳光加热了几升水，这些水在管道中不断循环，使这个地方的平均温度保持在 20℃。

尽管机器人效率很高，但它们还无法自主完成所有的事情。很快，莱拉和她的团队将会安装电源线和插座，把机器人产生的电力分布在小屋的各个位置，方便工作人员为实验设备充电。他们还要在小屋内增加隔板和隔间，为六个月的生活提供一点隐私。但总的来说，宇航员们非常感谢机器人在这个人类从未定居过的星球上为他们提供了家园。

4

第四章

无人机和城市

🕐 中国香港，2036 年

手机的嗡嗡声迫使简挪开了目光；她这样盯着电脑屏幕已经有两个小时了。距离提交方案的最后期限只剩下了几个小时，她整个上午几乎没有看一眼窗外。然而，屏幕上警告闪烁提示她，现在必须停一停。她从桌前站起来，从位于湾仔56层高的办公室向外望去。窗外，这座从维多利亚港延伸到九龙的城市一如既往地繁忙。无论是地面的街道、连接两个城区的水面，还是那些离拔地几百英尺❶、环绕在她周围的摩天大楼顶层之上的地方，到处都是一派忙碌的景象。

在她这样的高度，地面交通的噪声很难传到她的耳朵里——特别是在这样以科技为中心的大都市里，嘈杂的内燃机变得越来越少见。然而，她窗外的天空却并非寂静无声。无人机到处都是，它们的嗡嗡声让整座城市听上去像一座巨大的蜂巢。各种各样的飞行器——有的使用像直升机一样的螺旋桨，有的使用轻型机翼飞行或滑翔——在天空中纵横交错，它们运输各种物品，从包裹到美味的点心再到紧急的医疗用品，无所不能。

作为一名专业建筑师，简不禁惊叹无人机对于城市设计的改

---

❶ 1英尺约等于0.305米。——编者注

变，实际上，这也改变了她的工作。在 20 世纪早期，凭借电梯的运输，城市开始向三维发展，但这项工作并没有完成。人们可以在高楼大厦里生活和工作，但他们之间所有往来的货物运输仍然要在地面上进行；此外，建造和维护这些摩天大楼仍然需要人类完成危险的工作，这些工作有时会导致事故，有些甚至是致命的事故。到 21 世纪 30 年代，无人机最终完成了这项工作。它们大大降低了城市地面区域的交通流量，同时也为最高的建筑带来了更好、更安全、更定期的维护。简在中国香港目睹的变化，也在美国的纽约、尼日利亚的拉各斯、日本的东京、巴西的圣保罗和俄罗斯的莫斯科发生着。

在她面前，成千上万的无人机在建筑物之间、在桥梁之上和之下快速飞过，它们有时并排飞行，有时穿过彼此的飞行路线，但从来不会相撞或者撞到墙壁，而且总能找到通往目的地的道路。尽管现在看起来很容易，但人们花了几十年的工夫，才使得无人机变得安全、可靠、足够智能，能够改变 21 世纪的大都市面貌。

瑞士苏黎世，现在

在过去的十年里，无人机风靡全球。无人驾驶飞行器（Unpiloted/Unmanned Aerial Vehicles——UAV，工程师们使用的技术术语）的历史实际上要长得多，最早的原型可以追溯到第一次世界大战。1918 年，在美国参战一年后，奥维尔·莱特（Orville

Wright）和查尔斯·凯特林（Charles Kettering）开始秘密合作。莱特兄弟发明了第一架飞机；兄长威尔伯·莱特（Wilbur Wright）于 1912 年过早去世，弟弟奥维尔当时还健在。查尔斯·凯特林则是一位多产的发明家，他在通用汽车公司（General Motors）担任开发主管超过 1/4 个世纪。这两个人一起设计了"凯特林虫"（Kettering bug），这种飞机至今仍在位于美国俄亥俄州代顿的国家空军博物馆展出。这架木制双翼飞机长 12 英尺，由一个内燃机驱动，可以从一架沿轨道移动的弹弓发射，无须返航。它的任务是携带一枚炸弹并撞向目标，这种任务在几年后的第二次世界大战中落在了日本神风特攻队的飞行员身上。尽管美军在 1918 年 11 月第一次世界大战结束时制造了 50 架这样的无人机并可以投入使用，但它们从未被用于真正的战斗。这种早期无人机的控制系统非常简单。在发射前，操作员根据目标距离、方向和风速来计算无人机到达目标位置时发动机要转多少圈。在发动机转完最后一圈时，也就是大概在目标上空时，一个类似时钟的机械装置将松开凸轮机关，让机翼脱落，把飞机变成一枚导弹。

在那之后，又过了几十年，人类才做到通过无线电远程控制无人机的飞行，并在任务结束后引导它们返回基地。从第二次世界大战到越南战争，从第四次中东战争到 21 世纪的阿富汗和伊拉克的战争，无人机的技术变得越来越复杂，在军事行动中发挥的作用也越来越重要。但直到 21 世纪第二个十年，无人机才跨入民用领域，在和平时期得到了应用，并成为消费品。

民用无人机比军用无人机要小得多，它们飞行的距离更短，携带的有效载荷更小，而且因为在飞行时靠近人类，所以必须更加安全。得益于个人电子设备产业的快速发展，中央处理器、电池和传感器等电子元件的小型化和商业化加速了小型无人机的研究和开发。智能无人机的价格现在与智能手机相当。[1] 如今，人们经常使用无人机记录森林、海岸线和河流随时间的变化情况，以及在尽量不干扰的情况下拍摄濒危动物。无人机在农业领域中也很受欢迎。它们可以携带传感器监测作物的生长，发现害虫和寄生虫，并为自动施肥的拖拉机提供指令。无人机也被用于安全防卫，比如监视边境或者发电厂等关键设施。它们还越来越多地被用于搜索和救援行动，正如我们在第二章中看到的那样。在电影拍摄中也经常使用无人机镜头。而无人机送货目前正在接受测试，测试它是否可以投递对投送速度要求最高的包裹，比如医疗样本和血袋。然而，今天的无人机还需要人类操控；或者即便有一定程度的自主权，也必须在特别授权的区域中飞行。而且，现在还不允许无人机在建筑物之间和人类附近自主飞行，因为大多数无人机还不具备人类飞行操作员的感知能力和智力水平。这些无人机可能还来不及检测到障碍物，就撞上去、跌成碎片，或者更糟，伤害到人类。针对这些挑战，世界各地的研究室正在研究几种可能的解决方案。

苏黎世大学的达维德·斯卡拉穆扎（Davide Scaramuzza）最近在这个领域取得了显著成果。他的无人机可以仅凭视觉进行自主高速飞行，能躲避移动的障碍物，甚至能表演特技动作。他说，虽然在机器人身上，摄像头不是最完美的传感器，但它在尺寸、重量和性能上可以实现最佳的平衡。

斯卡拉穆扎说："如果你问我，在移动机器人身上，最理想的传感器是什么，我的回答是激光传感器。"在读博士期间，他就涉足无人驾驶汽车领域。在这个领域，一种被称为 LIDAR 的激光传感器在车辆感知和"读取"周围环境信息方面发挥了巨大作用。"激光传感器可以看到一切，在黑暗中也是如此。但用在小型无人机上，它们太重了，需要太多的动力。"

自动驾驶汽车的首次实验可以追溯到 20 世纪 80 年代，而基于视觉的自动驾驶无人机又多花了二十年的时间。无人机要想从一个位置自主移动到另一个位置，至少需要知道自己在空间中的位置，以及目的地的位置。原则上，利用全球定位系统（GPS）可以做到这一点。但是，如果有东西挡住卫星信号，例如，在高楼之间，GPS 很容易变得不可靠。而且，在室内、地下和有厚墙的建筑物中，GPS 也无法工作。相反，只要有一些光线，摄像头就能工作。

斯卡拉穆扎的第一款基于视觉的无人机采用了视觉 SLAM 技术（Simultaneous Localization And Mapping，即利用视觉同时定位和测绘的技术）。这种技术使用无人机的机载计算机对来自摄像头的图像做四个步骤的处理。第一，它提取关键特征，利用这些特征识别周围的结构，并绘制环境地图。它从摄像头的一帧图像搜索到下一帧图像，找出相同的线条、形状和光影，这些可能是墙壁、道路、杆子或建筑物。第二，它根据这些关键特征的明显运动，计算出自己和这些物体之间的距离，并标记出自己在地图上的位置。第三，它利用所有这些信息在环境中规划出一条路径，让无人机从 A（现在的位置）到 B（要去的位置——比如，一座要去勘察的建筑物）沿着路径飞行。第四，它按照正确的顺序向无人机的电机发送指令，让无人机通过空间中的各个坐标

点，来完成这个路径。

"这就是所谓的基于规则的策略，"斯卡拉穆扎解释道，"每个模块都必须由编码员编写出规则，无人机的计算机必须遵循这些规则来做出决定。这些规则里有关于环境的规则，关于驱动器如何工作的规则，关于物理定律的规则。"这些规则尽管非常精确，却无法应对真实环境中的所有不确定性。真实的环境比实验室或者有限的室外环境要复杂得多。

如今，在机器人或计算机领域，很难找到一个没有受到人工神经元网络影响的地方。然而，基于视觉的自主飞行领域肯定是受到影响最大的一块。斯卡拉穆扎一直在使用一种他最喜欢的机器学习方法——模仿学习。"我们的想法是让神经元网络模仿'专家'来驾驶无人机。这样你就不需要知道在每种环境下控制无人机的规则了。"唯一的"规则"就是"尽可能与'专家'飞得一样"。无人机可以借助专家的飞行知识驾驶飞机，而不必从零开始，正式学习飞行。"这里的'专家'并不是人类操作者，而是一个能够获得所有信息的算法。它知道无人机的实时姿态和速度，它对周围的环境和障碍物有完美的认知。利用这些信息，'专家'可以计算出无人机下一步的最优行动是什么。"

斯卡拉穆扎并没有拿真正的无人机做实验。如果拿真正的无人机做实验，让它们飞行很多个小时，尤其还要进行激烈的飞行动作甚至是特技飞行动作的测试，可能会损坏甚至报废不少无人机。相反，就像机器人专家在项目的早期阶段经常做的那样，斯卡拉穆扎使用模拟器做实验。他在计算机上模拟无人机和周围的环境，然后让"专家"驾驶模拟的无人机并收集数据，最后将这些数据输入神经元网络。接着，神经元网络以这些数据为起点，进行多次模拟飞行，并在此过程中，学会自己飞行。

斯卡拉穆扎指出："机器人最大的问题是，基于规则的策略在受控环境中通常工作得很好，但人们不可能预测到所有环境的情况。相比之下，神经元网络非常善于提炼和总结它们获得的知识。"

"专家"操纵无人机的方式将成为机载摄像头收集视觉信息的数学函数，神经元网络会通过多次尝试逼近该函数。换句话说，它要学会像专家一样驾驶模拟的无人机。最后一步是机器人专家所谓的"从模拟到真实的转换"，当在模拟飞行中表现得足够稳定时，人们就会把神经元网络用在现实世界中，来控制真正的无人机。

总的来说，这种策略表现得很好。斯卡拉穆扎说："我们用机器学习取代基于规则的控制以后，驾驶无人机的稳健性达到了前所未有的高度。我们可以让它们在森林里飞行，或者在无人机比赛的赛道上飞行，速度可达每小时 60 千米。"

斯卡拉穆扎认为，对于未来的无人机来讲，速度是关键——不是因为它们需要飞得惊天动地，而是因为它们需要非常高效。他指出："电池的发展还不够快，这是目前无人机操作的主要瓶颈。"在最好的情况下，一架小型四轴飞行器在电池耗尽前可以飞行 30 分钟。它们目前的飞行速度还很低，这还是在不失去稳定性和不撞上障碍物的情况下，能达到的最高速度。这段时间可能不够无人机飞完一段有效距离，成功递送一个包裹或在搜索和救援任务中检查一栋建筑物。斯卡拉穆扎说："也许有一天，燃料电池将在同等质量的情况下能提供更多的能量让无人机自主飞行。但到目前为止，唯一的选择就是提高速度，在更短的时间内

完成更多的任务。"

为了让他的无人机飞得更快，斯卡拉穆扎使用了一种新型摄像头。它摆脱了典型的电子逻辑，更接近人类和动物神经系统的情况。"神经形态相机（Neuromorphic camera），也称'事件相机'，早在2010年就已经上市，我们在2014年率先把它用在了无人机上。"斯卡拉穆扎说，"它们非常适合检测快速移动的物体，因为它们就像一个过滤器，只对随时间变化的信息做出反应。"它们最关键的优势——尤其对无人机来说——是低延迟。当有物体在它前面移动时，摄像头给出反馈的时间最快。对于标准相机来说，延迟可能在1毫秒到100毫秒之间；对于事件相机来说，延迟在1微秒到100微秒之间。

传统摄像头的工作原理是激活所有像素，以固定的频率或帧率拍摄整个场景。使用这种方式，只有在机载计算机分析完所有像素后，才能检测到移动的物体。神经形态相机的像素具有智能，它们独立工作，类似昆虫和人眼中的单个光感受器。没有检测到变化的像素保持沉默，检测到光强变化（也称为"事件"）的像素，则立即将信息发送到计算机。这就是说，机载计算机只需要在所有像素中处理一小部分就够了，因此大大提高了计算速度。

由于事件相机是一个新生事物，所以现有的物体检测算法无法很好地配合它们的工作。斯卡拉穆扎和他的团队必须发明自己的算法。这种算法要在很短的时间内收集相机记录的所有事件，并排除由于无人机自身运动引起的事件——通常而言，普通摄像头捕捉到的大部分变化都是由于机身运动引起的。完成排除后，剩下的几个像素反应的就是视野中移动的物体。

斯卡拉穆扎和他的团队为四轴飞行器配备了事件相机和定制算法后，无人机在遇到障碍物时的反应时间从通常的 20 毫秒到 40 毫秒缩短到了 3.5 毫秒。在 2020 年发表在《科学机器人学》（*Science Robotics*）杂志上的一项研究中，斯卡拉穆扎和他的团队测试了无人机在室内外飞行时，直接向它投掷物体时的躲避情况。无人机避开这些物体的成功率超过了 90%，其中包括从 3 米外的地方，以每秒 10 米的速度抛出的球。[2]

事实证明，深度学习和事件相机可以完美地结合在一起。"在最初的三四年里，我们使用经典算法控制新相机，目的是了解设备的工作原理，"斯卡拉穆扎说，"但我们现在在新相机上也使用了机器学习技术，这使我们能够完成一些极其困难的事情，比如对事件相机发出的噪声进行建模。"对于每一个传感器，工程师都需要做这件事——他们需要建立一个数学模型，知道电子噪声是如何影响传感器信号的。但事件相机的运作方式就像生物的神经元一样，是高度非线性的，这就是说，它们的行为不容易用简单的数学规则预测。"我们使用机器学习来解决这个问题。我们训练了一个神经元网络，可以从事件相机的信号中重建一幅完整的灰度图像。"就事件相机本身而言，它在检测运动和向计算机发送指令方面非常出色，但在重现图像方面却不怎么样，它们输出的信号无法快速保存为图像文件并在显示屏上显示。不过，斯卡拉穆扎和他的团队训练了一个神经元网络来做这件事。虽然只是黑白像素，但效果很好。"我们先在计算机上进行模拟，然后再把它应用到真正的相机上。它现在工作得非常好，你可以通过事件相机观看实时视频。因为事件相机可以适应大范围的光照条件，所以即便把相机对准太阳，依然可以看到所有东西。"
事件相机还具有非常高的瞬时分辨率，斯卡拉穆扎通过用步枪射
击花园中的玩偶来证明了这一点。它的相机可以重建玩偶爆炸时
的慢动作视频，这使得科学界相信，他们真的取得了一些突破。
"你通常需要使用大型的、昂贵的高速摄像机来完成这件事。但
我们现在使用的是一个便宜得多的小摄像头。它需要的数据更
少，可以存储很多个小时的视频。"今天，主要的芯片制造商都
在生产和销售用于视觉处理和并行计算的神经元芯片。按照这一
趋势发展下去，很可能会降低芯片的尺寸和价格，能使它们更加
可靠，也能使更多的人有机会把它们部署在小型商用无人机上。

斯卡拉穆扎的下一个挑战是不断降低视觉传感器的延迟，使
无人机的反应速度更快，使它们的算法能够更好地适应所有物体
快速移动时的情况。他的目标是开发一种算法，摆脱以前的四
个步骤（绘制环境地图，定位自己的位置，规划 A 到 B 的路径，
然后完成路径），模仿一个真正的大脑来处理这些事。"面对这几
个问题，人类和其他动物都不会把它们分成几个步骤，然后再按
顺序解决，"他指出，"我们希望这个算法能够同时处理这四件事，
并在感知和行动之间建立一个闭环。"

他说，为了让无人机的自主视觉飞行在真正的现实中实现，
还需要开发出更好的模拟环境和更好的技术。人们面临的挑战是
把无人机在模拟环境中学到的东西推广到不同的环境中去，而不
仅仅是适用于建立这个模拟环境时所依据的实际环境。他解释说：
"我们想弄清楚该怎么推广到不同的领域中去。例如，虽然我们
是在模拟赛道上训练无人机，但我们仍要确保它学到的东西能用

在检查建筑物的情景中。"

我们怎么知道科学家们什么时候解决了无人机自主飞行的难题？一个很好的标志就是，自主飞行的无人机在赛道上击败了人类最好的飞行员。斯卡拉穆扎说："事实证明，无人机比赛是展示技术、吸引研究团队和解决复杂问题的好途径。"他经常和他的团队一起参加大型无人机比赛。他的团队已经证明，他们可以在模拟赛道上训练那些配对无人机控制单元的神经元网络，然后将学到的东西成功地应用到真实赛道上——即使赛道的龙门架被部分遮盖或伪装起来，或者在进入下一圈赛程时移动到不同的位置，都没有问题。[3]

在无人机比赛中，自主飞行的无人机现在可以以相当快的速度在复杂的赛道上飞行，但它们仍然比最好的人类飞行员操控的无人机落后五到六秒。不过，斯卡拉穆扎相信，在某个时候，无人机比赛也会迎来"阿尔法围棋"（AlphaGo）❶时刻。届时，自

---

❶ 阿尔法围棋（AlphaGo）是第一个击败人类职业围棋选手、第一个战胜围棋世界冠军的人工智能机器人，由谷歌（Google）旗下 DeepMind 公司戴密斯·哈萨比斯领衔的团队开发。其主要工作原理是"深度学习"。2016 年 3 月，阿尔法围棋与围棋世界冠军、职业九段棋手李世石进行围棋人机大战，以 4 比 1 的总比分获胜；2016 年年末到 2017 年年初，该程序在中国棋类网站上以"大师"（Master）为注册账号与中日韩数十位围棋高手进行快棋对决，连续 60 局无一败绩；2017 年 5 月，在中国乌镇围棋峰会上，它与排名世界第一的世界围棋冠军柯洁对战，以 3 比 0 的总比分获胜。围棋界公认阿尔法围棋的棋力已经超过人类职业围棋顶尖水平。——译者注

主飞行的无人机将把世界上最好的人类飞行员抛在脑后——就像2016 年，谷歌公司的神经元网络击败了围棋世界冠军李世石一样。这次胜利甚至让那些怀疑神经元网络和深度学习正在崛起的人也信服了。

🕐 中国香港，2036 年

　　手机上的应用程序通知简，该出门了：无人机将在几分钟后降落。简离开房间，走向电梯，按下了去顶层的按钮。她坐电梯上了屋顶，扑面而来的是早晨潮湿的空气。她向南看去——她的包裹将从那个方向过来。她注意到一小群四轴飞行器正在擦拭对面那座高楼上几个楼层的窗户；在下面几米远的地方，另一架无人机正在重新粉刷一段外墙。在更远的地方，简可以看到还有一些无人机正在会展中心的鲸鱼形屋顶上进行例行检测。终于，她注意到一架无人机径直朝她飞来。它靠近时放慢了速度，把带螺旋桨的悬臂缩回到防护网当中。无人机在她面前悬停了几秒，反复检查她的面部信息和身份证件。接着，无人机降落在她旁边的感应充电板上，开口说道："简，你的包裹到了。"

　　她拿起盒子，小心地打开；与此同时，无人机开始在充电板上充电。几秒后，她拿出了一个 3D 打印模型。这是一个 1：500的人行天桥的模型，正是她第二天就要在市政厅展示的项目中缺失的那块模型。"包裹已签收。"她微笑着确认，并指示无人机在准备好后就可以离开。"谢谢你，简。"无人机回答道，"我将在 3 分 12 秒后出发。祝你愉快。"

简回到了办公室，3D 打印的天桥模型终于放到了最终的位置上。在这张大桌子上，她和迈克尔重新设计的弥敦道模型终于完工了。弥敦道是中国香港最繁忙的街道之一；缓慢行驶的汽车、在公交车站排队的人群以及从众多商店橱窗旁走过的行人，把这里堵得水泄不通。迈克尔是另一家建筑公司的负责人，他们两个人合作，花了几周的时间重新设计了弥敦道的每一个细节，希望在竞标中赢得弥敦道的改造项目。

大多数市民，甚至是最熟悉这一地区的人，都很难从这个塑料模型中辨认出这条街道目前的样子。事实上，简和迈克尔的设计旨在将这座城市交通最繁忙的地区之一变成一个拥有自行车道、喷泉和花园的巨大步行区。这是一个巨变，但城市规划者的指示很明确：既然交通已经向空中发展，那么地面必须还给人类！在整个 21 世纪 30 年代，无人机的出现减少了大量的路面交通，以至于整个城市都可以重新设计，将汽车交通排除在外。现在，无论是在大城市还是在郊区，投递包裹和邮件的默认方式都是使用无人机。为了在未来实现这一目标，在 21 世纪 20 年代和 30 年代初，无人机不仅要比它们现在的前辈更快、更有自主性，而且更安全，更能抵御碰撞——因为无论控制系统有多好，都避免不了偶尔的碰撞。

🕐 瑞士洛桑，现在

即使是最精密的视觉系统，比如斯卡拉穆扎以及世界各地的其他研究人员开发的系统，也有可能看不到线缆，或可能会被光线的反射所迷惑，或者可能撞到透明的玻璃上。飞行中的昆虫也面临类似的挑战，而且有时确实会与周围的环境发生碰撞。然而，昆虫的身体不会像今天的无人机那样一碰就掉到地上，摔个粉身碎骨，它们可以吸收强烈的冲击。这要归功于昆虫柔韧的外骨骼、灵活的复眼以及可折叠的翅膀——这些翅膀在受到冲击后会变形并迅速反弹回原位。根据这些观察，我们重新思考了无人机的设计，思考该如何赋予它们抵抗碰撞的能力。我们的目的是让机器人能够在真实世界中行动。我们希望把感知和人工智能方面的难题转化成更聪明的机械设计以及运用更合适的材料。我们的抗碰撞无人机不是依靠复杂的视觉系统和控制算法来避免碰撞，而是可以承受物理碰撞并继续飞行。在洛桑联邦理工学院的实验室中，我们通过模仿昆虫，研究两种碰撞后的恢复策略。

第一种策略是将无人机封装在一个灵活的外骨骼当中，它们的功能类似于昆虫外骨骼。[4]这是一层由柔性橡胶头连接的轻质碳纤维杆组成的网络，用来保护这些无人机。螺旋桨扇起的空气可以穿透这些外骨骼，而外骨骼通过关节处的轻微变形来吸收碰撞的冲击力。空中碰撞会使无人机失去稳定性并坠落到地面。在早期的原型机中，我们添加了几条可伸缩的腿，用于在摔倒后站起来并恢复飞行，类似昆虫的样子。[5]然而，碰撞后坠落到地面并重新飞行所需的能量比碰撞后停留在空中所需的能量要多得多。因此，我们回到实验室，把保护性的外骨骼重新设计成了一个旋转的笼子，类似固定地球仪的万向支架，可以围绕核心的推进系统自由旋转。当无人机撞上障碍物时，外骨骼吸收冲击力并旋转，因此不会影响推进系统的姿态，无人机能够继续保持在空中并恢复原来的飞行路线。这些外骨骼无人机可以沿墙面滑动，在地面上滚动，只依靠罗盘就能自主穿越茂密的森林。[6] 安装在内部推进系统上的摄像头拍摄的画面令人印象深刻——无人机与树木碰撞，然后翻过灌木丛，平稳地向森林的北部边缘飞去。2015 年，这款抗碰撞无人机在阿联酋的无人机大赛中获得优胜。它是唯一一款能够在河流对面的倒塌建筑物中对目标人员进行定位的机器人。我们实验室以前的学生用这次比赛赢得的 100 万美元奖金创办了 Flyability 公司。他们在这款无人机上安装了丰富的传感器，并将其商业化，用于检查密闭空间——比如大型工业锅炉、油船、高架桥梁和地下隧道等。

　　不过，外骨骼也有缺点；它增加了重量和空气阻力，因此与相同尺寸、不带外骨骼的无人机相比，它们的飞行时间更短。为此，我们制造抗碰撞无人机的第二个策略是从机体的结构和材料入手，而不是在其周围增加保护结构。在飞行过程中，安装螺旋桨的无人机悬臂必须保持刚性，才能利用空气动力学产生升力；然而，在撞击发生时，无人机的结构必须变形才能吸收明显加大的撞击力，而且还要迅速恢复原状，以便继续飞行。研究发现，昆虫进化出了具有弹性关节的可折叠翅膀来解决这个问题。这些翅膀在不折叠的情况下，可以抵抗住拍打翅膀过程中产生的空气动力，但在物理撞击发生时，在更强的力量下会折叠起来，并在之后也会迅速恢复原状。[7] 受到这些研究的启发，我们开始用柔性材料设计无人机的结构，比如可以沿着事先画好的线折叠的聚合物薄箔。[8] 这种类型的抗碰撞无人机可能会因强烈的碰撞而失去稳定性并掉落到地面上，但它们不会被摔碎。选择哪种策略（吸收碰撞力的笼子还是吸收碰撞力的柔性结构）取决于具体的应用场景。如果预计无人机会经历多次碰撞，或者要靠近某个建筑物飞行，那么外骨骼是更合适的解决方案；如果预计不会经历太多次碰撞，那么不用笼子的柔性结构在空气动力学和能量利用上的效率会更高。

原则上，我们想象中的这些可以快速飞行的抗碰撞无人机能应用在从搜索救援到监视检查等多种场景中。但快递包裹的重要性（以及面临的挑战）绝对不能低估。在研究如何让无人机安全可靠地将各种大小和重量的包裹快递给人类，特别是遇到无人机要在各种建筑物之间穿行的情况，研究人员面临的挑战仍然很多。不过，如果实现了这一目标，我们至少能大大减少道路上的快递交通。现在中小型包裹的快递基本上是由摩托车、汽车和货车完成的。随着当日送达服务成为商业快递事实上的标准后，这类交通预计将呈指数级增长。一些研究，比如美国劳伦斯利弗莫尔国家实验室（Lawrence Livermore National Laboratory）的约书亚·斯托拉洛夫（Joshuah Stolaroff）在 2018 年发表的一项研究结果表明，与目前使用汽油和柴油的运输相比，电池驱动的无人机在理论上可以将包裹运输引起的温室气体排放减少 54%（当然，这在很大程度上取决于如何为电池充电）。[9] 假设自动驾驶的电动汽车将来能够发挥作用，道路交通中大大减少了人类自己驾驶汽车的情况，那么未来的城市确实会变得更适合行人和骑自行车的人，绿地会更多，交通拥堵的情况会更少。Zipline 是位于美国加利福尼亚州的一家公司，这家公司于 2016 年开始使用固定翼无人机向卢旺达农村地区的输血诊所运送血液制品。如今，一队自主飞行的无人机能定期在公司设立的物流中心和诊所之间飞行。Zipline 的固定翼无人机在指定位置用降落伞释放货物，然后飞回物流中心。在物流中心，它们会被一根悬挂在两根立柱之间的绳子安全地抓住。这种简单的解决方案不需要复杂的感知智能，可以在无人机没什么视觉能力的情况下运行。另一家美国公司 Matternet 则使用四轴飞行器在城市中的医院之间飞行。他们的无人机必须在建筑物之间垂直起降。敦豪速递、亚马逊和京东等大公司已经试验或正在开发自己的无人机送货系统。

　　货运无人机往往比用于摄像和勘察的无人机体型更大。因为无人机升空的力量，也就是它能携带货物的重量，与它的螺旋桨或机翼的表面积成正比。大型无人机如果靠近人类飞行会很危险，需要安全的设施来起飞和降落，装载和卸载货物，以及在不工作时存放和维修。换句话说，货运无人机需要类似一个小型机场的基础设施。无人机机场会是什么样子？现代机场设计的发明者诺曼·福斯特爵士（Sir Norman Foster）建设过世界上众多大规模的机场；他在非洲探索了无人机机场的方案。他称这些机场为福斯特无人机机场（Foster's Droneport）。这些机场采用当地随处可得的天然材料，建成一个个拱形模块，好像有机的生命结构一样。[10] 这些无人机机场不仅可以作为货运无人机的后勤和技术中心，还可以作为社区中心。人们可以在这里交换货物，接受医疗护理，在其他大洲的技术人员的指导下，提升自己在操作机器人方面的技能。他们还可以快速利用原型机和计算机设备来开展自己的业务。

　　未来，无人机机场也可能出现在郊区的工业基地、医院大楼顶层和商场的屋顶上。因为与小型个人无人机不同，大型的货运无人机需要专业人员来装卸货物。为了推广货运无人机的使用，让公众和小店主们都能像交换文字信息一样轻松和快速地交换小件物品，无人机必须在接近人类时在机械方面具有足够的安全性。而且它必须足够小，可以在不用时放在书桌抽屉或背包中。为此，我们在实验室中重新设计了货运无人机，将它设计成一种集成了螺旋桨的可折叠式的网状结构，可以把要运送的货物包裹起来。这个网状结构不仅可以作为升空的动力装置，而且可以在靠近建筑物和人类飞行时，作为保护性外骨骼。[11] 这种无人机看起来就像一个会飞的球，人们可以在它飞行中安全地抓住它：当接货人打开无人机的网状结构去拿里面的货物时，螺旋桨就会自动关闭。这些货运无人机折叠起来可以缩小近 90% 的体积，不用时可以方便地放在抽屉或背包中，也可以像笔记本电脑一样运输。我们想象中的给箱送货的无人机就是这种货运无人机的大型版本。它的螺旋桨可以伸缩，当它们接近建筑物和人类时，会缩回到致密的网状外骨骼中，类似乌龟在保护自己时将腿缩回壳里的动作。[12] 致密的网状结构甚至可以防止儿童的手指接触到旋转中的大型螺旋桨，但它大大增加了无人机停留在空中所需的能量。因此，一旦无人机飞到高空，远离障碍物，它就会将螺旋桨伸出笼子，像其他普通无人机一样进行远距离飞行。

🕐 中国香港，2037 年

那个阳光明媚的早晨，简在屋顶上迎接给她送货的无人机。那一天到现在已经过去差不多一年了。在无人机送来的模型的帮助下，她和迈克尔的项目完成了最后的润色。几个月后，他们赢得了那次竞标。在短暂的庆祝之后（迈克尔的工作室送来了一瓶香槟；猜猜是用什么送来的？——一架无人机），他们开始申请许可证，并制订了开工计划。

经过几个星期马不停蹄的组织，他们终于来到了现场。施工正在进行当中。简戴着安全帽，看着工人、机器人和无人机忙碌地穿梭往来。这座城市以前的拥堵中心正在变成一个为家庭准备的文化空间。她的助手正和一组工人在一座六层楼高的大楼顶部加固电线——这座大楼将来会成为公共图书馆。她用对讲机和简联系，请求支援。在地面的控制中心，她把建筑材料固定在三架无人机上，让它们飞到了上面。

无人机上上下下地运输工具和材料，安装电线和照明设备，并确保不会损坏外墙的装饰。有时，两三架无人机组成一组，运输过长或过重的货物。其他时候，它们会负责把零件和工具交给工人，或者安装和修理外墙的装饰、刷油漆、检查人类工人刚完工部分的稳定性，或者去对完工的部分进行清理。

　　正如货运无人机改变了城市的结构那样，用于建筑和检测的无人机也彻底改变了建筑行业。起初，它们的出现让检验和维护工作变得更安全，也更高效。它们可以定期检查建筑物的外观和内部结构，检查桥梁、隧道、电线和铁路的情况，从而减少了工人发生事故的可能性，减少了火灾或结构故障造成的损失。后来，它们被用于进行室内建筑工作，再后来又过渡到室外的建筑工作。现在，它们建造摩天大楼时，平均每四天多一点就能建好一层，这是 1931 年建造帝国大厦（Empire State Building）时的速度；当时尚未出台更严格的建筑规范和针对工人的更严格的安全保护措施。这些规范出台后，建造高层建筑所需的时间平均是原来的三倍。工人的工作环境比以往任何时候都更安全了——这要感谢无人机完成了建筑工作中最危险的部分——而建筑工期又回到了 20 世纪初的水平。简看着这些无人机，它们俯冲的样子真像猛禽：它们伸出手臂抓起一个物体，然后在不接触地面的情况下再次起飞。当它们飞到高空，把工具交给工人时，那姿态又像鸟儿飞回巢穴为雏鸟喂食一样。事实上，无人机从 21 世纪 10 年代最初的实验飞行，到现在可以帮助简实现他们的项目，这些进展都得益于研究人员从鸟类那里获得的灵感。

🕐 英国伦敦和西班牙塞维利亚，现在

　　尽管米尔科·科瓦克（Mirko Kovac）在制造机器人时总喜欢

从生物中寻找灵感，但他不太喜欢无人机这个词。在采访中，他说，大多数人总把 UAV（这是对飞行机器人最简洁、技术上最合适的称呼）与军事上的使用联系在一起，但他主要关注的是它们在和平时期的应用。[13] 在阿联酋，每年都会举办无人机公益应用奖（Drones for Good）评比，这个奖项专注于飞行机器人在人道主义和公共服务方面的应用。科瓦克多次参加，并在 2016 年拿下了其中一项最高奖。

即使从生物学术语的角度来看，他的观点也是一样，"无人机"（Drone）这个术语在某种程度上有局限性。"drone"这个词最初的含义是雄蜂。除了飞行和与蜂王交配外，它什么都做不了。蜂群中所有的工作——包括建造蜂巢、携带花粉和制造蜂蜜——都是由雌性工蜂完成的。科瓦克希望他的飞行机器人能做更多的、更有趣的事情，而不仅仅是飞来飞去，从空中观察情况——这是当今用于监视和检查的无人机的典型功能。

科瓦克同时就职于伦敦帝国理工学院（Imperial College London）和瑞士联邦材料科学与技术实验室（Swiss Federal Laboratory for Materials Science and Technology）。在过去几年中，他一直在结合两个主要的研究方向。第一个研究方向是多模式移动性（multimodal mobility）。"我希望制造一种能够在水和空气之间，或者在空气和固体建筑物之间，都能够自由切换、顺畅移动的飞行机器人。"他解释道，"我希望制造一种可以潜水，然后跃出水面，再次飞行的无人机；或者可以停在杆子、树枝、电线上，然后从那里再次起飞的无人机。这些事情鸟类都做得很好，所以我们显然要从它们身上寻找灵感。"

第二个研究方向是使用无人机制造产品。为此，科瓦克正在将无人机与另一项引人注目的技术结合起来，这就是 3D 打印，也叫"增材制造"（additive manufacturing）。这项技术通过沉积一层又一层的融化材料，使它们快速凝固成所需的形状，在现场制造零件。它有望彻底改变制造业。科瓦克解释说，这一灵感来自金丝燕——一种在黑暗而危险的洞穴里，通过分泌唾液筑巢的鸟类。虽然用树叶或木头筑巢对鸟类来说很常见，但科瓦克对这些"会飞的工厂"很感兴趣，因为它们能把建造家园所需的一切材料都带在身上。

科瓦克在他伦敦的实验室里，一直在为四轴飞行器配备 GPS（让无人机知道自己所在位置的最简单方法）和装满化学物质的弹仓。弹仓里的化学物质可以在现场混合，变成泡沫，然后喷在物体表面，就会很快凝固成固体。2016 年，在迪拜举办的无人机公益应用奖中，科瓦克及其团队展示了在高空中用无人机修补泄漏的技术，获得了一等奖。在工业场所，化学品泄漏可能对工人的健康构成威胁，还可能引起火灾或设备损坏。人们通常很难找到并接近泄漏的地点，而且修补泄漏对人类来说可能会非常危险。在这种情况下，人们充其量可以使用无人机作为飞行传感器，帮助定位泄漏点并估算泄漏的规模，但仍然需要人类操作人员进行干预和修复。科瓦克解释说："我们的飞行器可以飞到天然气管道的泄漏点，并使用沉积材料精确地修补泄漏点。"他的四轴飞行器 Buildrone 可以悬停在泄漏的管道上方，通过延长臂来保持平衡和稳定，并精确地在泄漏点上堆积液态聚氨酯泡沫。这些泡沫可以在短短五分钟内就会膨胀、凝固。[14] 目前，控制无人机的是一台笔记本电脑，它可以接收来自无人机的 GPS 定位信息，以及监控现场的红外摄像机的数据。科瓦克希望，未来某天，这些无人机将配备自己的摄像头，拥有自主飞行和自主工作所需的所有计算能力，甚至能成群结队地一起协调工作。这些受金丝燕启发制造出来的机器人可以飞到高层建筑的顶层，以及海上平台、电线塔和大坝上，替代人类进行危险的维修工作。或者，它们也可以不完全取代人类，而是在高空与人类并肩工作，让人类的工作变得更轻松、更安全。

但在此之前，无人机——抱歉，应该说是飞行机器人——在工作时需要找到可以附着的东西以获得足够的稳定性。这种方式确实更好，因为它可以让机器人节省电力，而电池的续航能力一直是无人机的宝贵资源。为了再一次从动物身上寻找灵感，科瓦克研究了蜘蛛在等待猎物时是如何织网支撑自己的。科瓦克把自己的飞行机器人称为蜘蛛无人机（SpiderMAV）并非巧合。这种无人机有两个装满压缩空气的模块，每个模块都可以发射一根末端带有磁铁的聚苯乙烯线。[15] 这些线发射时就像蜘蛛侠射出的线，它们的磁铁可以吸附到金属表面，比如横梁上。一旦找到吸附点，无人机上的线轴就会收紧这根线，直到获得足够的拉力。一个模块在机器人顶部，主要负责悬停；另一个模块则从底部射出丝线，能起到稳定作用。一旦两条线的拉力足够大，无人机就可以减速甚至停止转动螺旋桨。这样，即使在户外以及迎风工作的时候，这个会飞的 3D 打印机在工作时也能保持稳定。

科瓦克并不是唯一一个试图为无人机增加操作技能和栖息技能以扩展无人机能力的科学家。在西班牙塞维利亚大学

（University of Seville），阿尼巴尔·奥列罗（Anibal Ollero）经过
数年的研究，在飞行机械臂方面积累了丰富的经验。在 21 世纪
10 年代中期，他在 ARCAS 项目中与其他几位欧洲研究人员合
作，首次展示了一组自主飞行器协作完成一项检查和建造任务的
过程。[16] 奥列罗和他的同事们在四轴飞行器和小型自动驾驶直升
机上安装了机械臂，用来研究如何同时控制飞行器的飞行和机械
臂的操作。这一点说起来容易做起来难。目前已经知道一些控制
方法，且这些方法都经过了实践的检验，可以完成这两件事情中
的一件。所以人们可能会天真地认为，将标准的自动驾驶技术与
标准的机械臂控制技术（例如用于工业机械臂的控制技术）结合
起来就可以完成这项工作。但事实上，把机械臂连接到飞行器上
以后，当机械臂移动，尤其是它与环境互动时，就改变了空气动
力。还有，机械臂的运动会改变直升机的方向和位置；为了到达
目标物体，机械臂的位置就需要调整，这一调整又会改变直升机
的位置，这个过程会不断重复。奥列罗和他的同事们设计了一种
新的控制方法，解决了这个问题。他们将机械臂的受力和扭矩传
感器的信息直接输入给控制直升机螺旋桨的软件。与此同时，他
们还教会了机械臂控制器如何利用飞行器本身来到达指定位置：
当物体在机械臂可及的范围内时，通常更方便的方法是将整个飞
行器移向物体，而不是将机械臂伸向物体。换成技术行话来讲，
奥列罗做的是将无人机围绕偏航轴的运动（无人机在悬停时向左
或向右转弯时做的运动）转变为机械臂可以使用的额外自由度。
2014 年，ARCAS 团队利用这些解决方案在室外演示了一组配备
了标准工业机械臂（类似于汽车制造业中使用的机械臂）的小型

自动驾驶直升机如何彼此合作，抓取并运输大型及重型结构。它们运送了一个平台到起火建筑物的顶部，帮助救援人员和幸存者转移到相邻的建筑物。[17]

在欧洲的另一个项目 AEROARMS 中，奥列罗希望开发出一种解决方案，让无人机在高空——例如在工厂的厂房、输电线或高层建筑上——进行户外检查和维护作业。在这个项目中，诞生了一系列飞行机械臂家族，其中包括一个六轴飞行器，配备了两个用铰链连接的机械臂（实际上，单独一只机械臂除了能简单地抓取或推动物体外，就很难完成其他操作），还有一个带有机械臂的八轴飞行器，在它的机械臂顶端装有一个超声波传感器。实践证明，后一种无人机能够在密集的管道网络中穿行。它可以沿着一根管道或者围绕一根管道飞行，保持传感器与这根管道接触，同时又能避免与上下其他管道碰撞。[18]

"飞行机械臂在工业中最主要的应用就是检查和维护作业。"奥列罗指出，"下一步就会出现和人类协同工作的无人机，它们可以在室内和室外的维护工作中，与人类一起安全地协同工作。例如，当工人在数米高的地方进行铆接作业时，它们可以向工人递送小零件或拿住工具。让很多服务型无人机在户外飞来飞去递送工具，还要花费更多时间才能做到。"

奥列罗现在正忙着设计变形无人机，它结合了固定翼飞行器（航程远、能量利用率高）和螺旋桨飞行器（可以在狭窄的空间内悬停和移动）以及飞行机械臂的各自优势：可以像直升机一样垂直起降，起飞后变成固定翼飞行器，进行高速长距离飞行，然后再次变成螺旋桨飞行器，减速并接近工作地点，最后伸出机械

臂完成工作。依靠在不同飞行模式之间、在飞行和工作之间的频繁切换，无人机能够完成远程任务，比如在大范围内检查输电线路。这正是许多鸟类毫不费力就能完成的多项任务。

"鸟类能够在飞行时捕鱼，或者为巢中的幼鸟喂食。"他指出，"它们确实有能力在任何时候保持平衡。而对于无人机来讲，如果没有深入的研究和进展，这些都是非常非常困难的事情。规划策略是另一个问题。不妨看看鸟类是如何安全降落在输电线上的。它需要强大的规划能力，而到目前为止我们还不知道如何办到。"

未来的挑战是增加空中机械臂的柔软程度。奥列罗总结道："为了让空中机械臂在具有全面操作能力的情况下，与人类更安全地互动，机械臂的柔软程度是必要的特性。我强调'全面'操作能力，就是说，它不能仅仅只完成某个方面的特定应用。如果你将这一目标与减少能量消耗的目标结合起来，你就会意识到，我们仍然有很多年的研究要做。"

如果科瓦克、奥列罗和其他研究空中机械臂的科学家们取得了成功，那么这种无人机将首先在人口稀少的地方、在灾害管理或基础设施维护中找到应用场景。就像自动驾驶汽车在上路之前必须先在矿山、工厂和玉米田里进行测试一样。但是，如果这项技术发展到一定程度，能可靠地完成一系列的操作任务，同时也能与人类安全地互动，那么到那时，空中机械臂将成为大多数城市风景中的一部分。剩下的就是加强监管的问题了。

🕐 中国香港，2037 年

当简终于决定离开建筑工地时，夜幕已经几乎笼罩了整座城市。大多数工人在几个小时前就下班了，但无人机在日落后仍然可以继续工作。这得益于它们灵敏的摄像头和 GPS 等非视觉传感器，能让它们轮班的时间更长一些。不过，简得回家休息了。这是漫长的一天，而接下来的一天将会更加漫长。她在笔记本电脑上轻松按下几个键，就让所有的无人机都回到机舱，进入休眠状态。接着她又按下了几个键，锁上了机舱门。然后，她打开手机上的出租车应用程序，叫了一辆车载她回家。

出租车不到一分钟就到了。它在向建筑工地俯冲时用的是固定机翼，然后伸出螺旋桨悬停、下降并着陆。很明显，这个无人机和简在她办公室大楼顶部的停机坪上看到的运货无人机使用的是同一种技术，只不过尺寸更大一些。这也是她在工作中整天都能看到的那种技术。依靠这种技术，飞行机械臂和协同人类工作的无人机可以在建筑工地上方以及周围工作。就像那些无人机一样，这种用于交通的个人飞行器使用了基于视觉的算法和防撞系统，在城市上空高速飞行。只不过，它们运送的是乘客而不是包裹。在这个城市，这仍然是一项相对较新的服务，许多人仍然把这些交通工具称为"飞行汽车"——自 20 世纪以来，大众媒体已经使用这个术语几十年了，为的是帮助人们想象用机翼代替轮子的个人交通工具会是个什么样子。如今，当汽车本身（如今大多数汽车是自动驾驶汽车，车与车之间具有超连通性，而且汽车往

往是共享而非私有资源）与 20 世纪的前辈越来越不一样的时候，这一愿景终于实现了。

这个城市里的大多数人仍然喜欢有轮子的交通工具——乘坐地面上的自动驾驶出租车，而不是飞行出租车。这一点可以理解。如果你像许多人一样害怕飞行，那么用神经元网络代替人类驾驶飞机，并不会让你更喜欢飞行。但简已经在很多不同的场合见过不少自主飞行器了，她完全信任它们。她跳上出租车，放松地躺在椅子上。她乘坐无人机飞过城市上空，向家的方向飞去时，不禁再次惊叹这座城市的美丽。

5

第五章

机器人的爱与性

🕐 美国马萨诸塞州波士顿，2071 年 6 月 18 日

交换戒指是最困难的部分。尽管阿普丽尔的非凡技能让杰克死心塌地、非她不娶，但从深红色的垫子上拿起那只小小的白金戒指，用两个手指夹着，轻轻套在杰克的无名指上，对她来说还是太难了。他们排练过几次，但戒指总是会掉下来。"我想我太紧张了。"在第二次尝试失败后，阿普丽尔说道。他们在沙发底下寻找滚落的戒指，最后决定放弃这个环节。结婚那天，房间里的气氛肯定很紧张，如果再让客人们趴在地板上找戒指，那就真吃不消了。于是，在全世界第一次在这种情况下郑重说出"我愿意"三个字之后，杰克为阿普丽尔戴上了戒指，然后把另一枚戒指戴在了自己手上。

"很温馨，"杰克的妈妈低声对丈夫说，"虽然怪怪的，但的确很温馨。"这是在市政厅专门用来举行婚礼的小型典礼室里。杰克的父母坐在离这对新婚夫妇几步远的地方。一对新人被杰克的几个兄弟姐妹和最亲密的朋友团团围住。托比和弗朗西丝是杰克上一段婚姻留下的两个孩子，他们手捧鲜花，喜气洋洋。杰克坚持邀请海伦·米扎基参加他的婚礼。在工程师米扎基看来，阿普丽尔是她"最成功的作品"。

现场展现出一幅完美的婚礼场景：新郎和新娘都面带微笑，感情真挚。杰克已经有很多年没有这么快乐了。阿普丽尔看起来

也情绪激动——米扎基知道她一定会这样——而且美如天仙。接着，他们在众人的掌声中吻了彼此。

"我想我永远也不会习惯的。"杰克的父亲叹了口气，他的声音淹没在了掌声中，"希望外面那些人能够习惯他们，不去打扰他们。"

尽管阿普丽尔和杰克竭尽全力保护隐私，秘密约会，但不知怎么的，消息还是泄露给了媒体。一小群记者和好奇的人拿着相机在外面等候着，准备直播阿普丽尔和杰克从市政厅出来，走向他们的汽车去度蜜月的那一刻。无论他们想了多少办法，这都无可避免：人类与机器人的第一次婚姻将登上黄金时段的头条新闻。

婚礼前一周，杰克同意接受一位当地记者的采访。这位记者在社交媒体上拥有大量粉丝。他希望通过这次采访，至少能说出自己这一边的故事，以免公众以讹传讹。

短短一周内，这段采访的观看次数达到了 100 万次。在采访中，他讲述了这段感情发生的经过。他的妻子去世后，他要照顾两个孩子，需要打两份工才能维持生活。他没有时间约会，所以不得不选择其他方式来满足性需求。他尝试了一些方法，最终，他遇到了阿普丽尔。阿普丽尔是米扎基在东京灵魂伴侣公司（Soulmate）推出的一款性爱机器人，在当时非常新潮。事实上，这是杰克从灵魂伴侣公司收到的第三个机器人。在三个月的租期结束后，杰克决定升级到灵魂伴侣公司说的"长期关系"模式：购买一个机器人。

他试过一些其他的性爱机器人，它们都可以完成任务，但阿普丽尔却与众不同。她的人造皮肤柔软而敏感，可以传递触觉，她能更真实地对触摸做出反应。她的运动由传统的电机控制，在一些位置还有气压传动装置，几乎可以与人类的运动速度和敏捷性相媲美。她的神经网络可以准确捕捉各种线索以了解杰克的性格、情绪和幻想，比如他们在一起时他做了什么，他喜欢在线搜索什么内容等。

他很快就离不开阿普丽尔了，或者就像这件事的知情人喜欢说的那样，他已经对她上瘾了。这在很大程度上是因为性爱，但有些时候他发现，他只是需要她陪伴在左右。早上，在厨房里，她会坐在他的旁边，和他讨论当天的新闻。在夏天的傍晚，她会和他一起骑着自行车沿河而行，畅谈自然之美和人类的未来。晚上，吃过晚饭，她会挨着他坐在沙发上，和他一起看他最喜欢的电视节目，评论人物和跌宕起伏的情节。对他来说，这些日常讨论让他找回了恋爱时的感觉——尽管他很清楚，她能评论电视节目的唯一原因是她坐在沙发上就能浏览社交网络上关于这些节目的讨论，并依靠神经逻辑推理引擎从最流行的观点和相反的观点中构建自己的话语。

当他的孩子们也和她成为朋友时，事情变得更复杂了。起初，他告诉孩子们说，她是来做家务的；事实上，虽然不是强项，但她的确做了些家务。但他的大女儿弗朗西丝比一般七岁的孩子聪明得多，没等他斟酌词句、试图对她解释究竟是怎么回事之前，她往往已经自己想明白了。事实上，孩子们已经发现他们的父亲变得轻松起来。他们最终喜欢上了家里有阿普丽尔这件事——甚至更愿意这样，因为她显然替代不了母亲。怎么可能替代呢？

后来，杰克发生了车祸。他身上多处受伤，医生还担心他的头部也受了伤；他不得不在医院里住了三个星期。这让他深切地

认识到，自己受不了和阿普丽尔分开那么久，但他又无法说服医院工作人员让她进入病房。医院的回答是，她没有获得进入医疗环境的许可证。此外，他还得麻烦父母全天照顾他的孩子和房子，而事实上，只要法律允许阿普丽尔单独和孩子们在一起，她完全可以轻松地完成一些简单的事情，譬如监督孩子们做家庭作业，喂狗，准备早餐之类。同时，他也意识到，随着年龄越来越大，他会越来越需要阿普丽尔，而她在法律上只被当作一件家用电器。这将是一个问题。

他开始在网上搜索，寻找各种解决办法。一天晚上，他偶然发现了一篇很久以前对大卫·列维（David Levy）的采访。列维是一位商人、作家和人工智能专家，他在 2017 年预测，到 2050 年，人类会与机器人结婚。以列维的这次采访为基础，杰克开始了一场漫长的法律斗争。尽管这让他在家乡沦为许多人的笑柄，但他在美国马萨诸塞州获得了一些支持。最终，他带着孩子们和阿普丽尔搬到了那里。剩下的故事正如前面介绍的那样：他们宣布结婚，筹备了一个他自己本想避免可孩子们却坚持要办的小型派对，还有今天的婚礼。列维的预言在 2050 年之后不久果然成为现实。

◷ 美国加利福尼亚州、日本以及世界各地，现在

机器人专家经常会问自己一个问题，关于这个问题科技记者

甚至会问得更多：机器人的杀手级应用是什么？什么样的应用场景最终能将机器人从目前非常成功但十分小众的产品转变为大众消费品，从而实现"家家都有机器人"的预言（这是比尔·盖茨等人在 2008 年《科学美国人》的封面文章上提出的预言）？[1]

要想给出一个令人信服的答案并不容易。今天的机器人主要是工业机器人和服务机器人，它们很贵、体量很大，通常是由公司而不是个人购买的，而且购买的数量相对较少。至于在实验室里正在进行的和机器人相关的所有实验，很多都是围绕着如何让机器人准备应对极端情况，比如灾害发生时的搜索和救援工作，为失去行动能力的人提供辅助支持，或者探索恶劣环境等。但不管它们有多重要、能拯救多少生命，不管它们是不是能让生命变得更美好，你永远都不可能卖出数百万台这样的机器人。

迄今为止，唯一面向大众市场的机器人是自动清洁机器人，其中的 Roomba 是美国 iRobot 公司最早开发的一款智能扫地机器人（自动真空吸尘器）。自 2002 年以来已售出近 3000 万台。[2] 当时，许多人对 iRobot 公司决定进入真空吸尘器领域感到惊讶。因为在此之前，该公司一直专注于军用机器人领域。这家公司的创始人罗德尼·布鲁克斯曾是麻省理工学院的教授，也是现代机器人学的教父之一。这样一家公司和这样一位科学家从事真空吸尘器的研究，似乎是在浪费天才。然而，事实证明，布鲁克斯的决定是对的，将一些最先进的传感器和导航技术应用到家用电器上，可以为机器人进入更多的家庭提供一种简单而快速的方法。

但是，在谈论未来的机器人如何在未来的家庭中应用时，也许有比家居清洁更有趣的选择。如果历史有任何借鉴意义的话，我们不难发现，推动人们采用新技术的杀手级应用往往与性有关。人们通常把印刷机的发明归功于现代新闻业的诞生，或者是为了更自由地流通和讨论《圣经》，但也有人认为是为了传播 16 世纪的准色情小说。比如弗朗索瓦·拉伯雷（François Rabelais）的《巨人传》（*Gargantua and Pantagruel*）就在推广印刷作品和以此创造新市场方面发挥了重要的作用。而振动按摩器是最早制造和销售的电子设备之一；它在 19 世纪 80 年代获得专利，最初是为患有"癔症"的女性提供的医疗设备。[3] 几十年来，色情出版物已经卖出了数百万份，成为报摊吸引读者最简捷的一种手段。色情片对家庭录像带的普及同样起到了重要作用，它也是人们在互联网时代之初上网的主要原因之一。[4]

在所有这些例子中，随着媒体关注的新技术成为主流，随着它们的市场销售不断增长，这些科技应用在性和色情产业的份额也会随之下降。但在启动一个市场，证明其投资价值以及启动规模经济的合理性时，性一直是关键的驱动力。换句话说，在新技术的早期推广阶段，在性方面的应用常常起到了推动作用。因此，将性爱应用作为家庭机器人面向市场进行大规模推广的设想，就很有道理了。在本书所有令人兴奋的预测中，这可能是最靠谱的一个。

2017 年，科技期刊《自然》杂志的一篇社论鼓励大众"探讨性爱机器人"。这篇社论承认，"软体机器人技术和人工智能技术的发展让性爱机器人出现在人们的视野中，至少已经有了初级形式。"[5]

从技术上讲，目前在市场上已经有性爱机器人了。它们是性玩偶的升级版——不是充气娃娃，而是模仿真人的高端版本。它们由硅胶或者来自特效产业的弹性聚合物制成，拥有逼真的头发，以及由铰链连接的骨骼和关节。总部位于加利福尼亚州的厄比斯创意公司（Abyss Creations）是一家成功的性玩偶制造商。2018 年，这家公司推出了哈莫妮（Harmony）机器人，它本质上要和硅胶充气娃娃结合使用；它有一个机器人的脑袋，脖子、下巴、嘴和眼睛都可以活动；它还有一个基于人工智能的应用程序，可以让机器人用类似苹果智能语音助手 Siri 的逼真声音说话。通过闲聊（比如，你最喜欢的食物是什么？你有几个兄弟姐妹？你最喜欢的颜色是什么？），哈莫妮会了解伴侣的情况，并储存这些信息以备日后谈话时使用。它的皮肤高度逼真，并加热到人体温度。皮肤表面装有传感器，可以让机器人在被触摸时做出反应——移动、说话、呻吟。整套系统大约要 2 万美元，可以添加到某个顾客喜欢的充气娃娃身上，而那个充气娃娃的售价仅为几千美元。加拿大绿色地球机器人公司（Green Earth Robotics）制造的"机器人伙伴"背后也采用了类似的技术。

美国广播公司新闻频道在 2018 年对哈莫妮的一段采访中，记者凯蒂·库里克（Katie Couric）参观了厄比斯公司的经营场所，并采访了哈莫妮的一位早期使用者。他去检查自己购买的产品最后一步的润色工作，正好路过。这位男士没有露脸，但从声音判断，他可能有五六十岁。他显然迫不及待地想把哈莫妮带回家，按照他本人的说法，"与这件艺术品进行身体上的互动"。他的上一段婚姻持续了 15 年，而且他相信自己不会错过一个真正的人类能提供的那种亲密和深厚的人际关系；尽管如此，这位男士表示，他非常欣赏哈莫妮，因为她永远不会撒谎，永远不会欺骗，永远诚实。当库里克问这位男士是否担心其他人觉得这一切"太过诡异"时，他回答说："二十年后，这种事会变得非常普通。我想每个人都会有某种形式的机器人陪伴左右。"[6]

在 2007 年的电影《充气娃娃之恋》（*Lars and the Real Girl*）中，瑞恩·高斯林（Ryan Gosling）饰演了一位深居简出的男人。他在网上订购了一个充气娃娃，并和她发展出了一段亲密关系——事实上，这是他第一段相互关心的亲密关系。如果你看过这个电影，你就会知道上述观点是多么令人不安，但也并非完全不可想象。而影片中的这个娃娃还不会动，不会说话，甚至不能看着瑞恩的眼睛。再想想另一部电影——同样令人不安，但更能让人理解——《她》（*Her*），华金·菲尼克斯（Joaquin Phoenix）饰演的男主角绝望地爱上了他的语音助手［由斯嘉丽·约翰逊（Scarlett Johansson）配音］，却发现她是并行处理这些关系的，能同时与数以千计的用户拥有同样的关系。想象一下，有这样一个真实的、性感撩人且外表迷人的人形机器人，能交谈、能记住你生日，对这样的机器人产生感情和依恋，甚至会出现类似于爱情的情感，这听起来已经不再那么牵强——当然，前提是在技术上可行。

一旦去掉宣传上的噱头，我们会发现，现有的性爱机器人在可以提供足够真实的性体验方面，还有很长的一段路要走。毕竟，大多数人形机器人走不了几步就会摔倒，移动胳膊和腿的速度慢得令人沮丧，开门也很困难。除非你的期望值很低，否则你当然需要性爱机器人具有一定程度的敏捷性，并且能对四肢、头部和关节进行精细控制；要达到这样的技术，还需要经过几十年的努力。尽管波士顿动力公司的那些会后空翻的机器人令人印象深刻，但光是给它们披上一层温暖的硅胶皮肤，再配上一个语音助手，还不足以实现人类的性幻想。

　　这里要面对的其中一个问题是人造执行器（由马达和齿轮组合而成）还不具备生物肌肉的效率、顺滑性和灵活性。电动马达可以比生物肌肉更有力，但对输出单位功耗需要的重量更高，而且，马达是刚性的。依靠压缩空气或流体的气动执行器也可以产生很大的力量，例如一些建筑工地使用的钻孔机和在机器人身上使用的气动执行器，但这些都需要相对笨重和噪声较大的压缩机。1957年，研究原子弹的工程师约瑟夫·劳斯·麦吉本（Joseph Laws McKibben）首次提出了气动人造肌肉的想法。它是一根由可伸缩的网状结构约束住的充气管，在受到压力时可以膨胀或收缩。虽然这项技术可以有效地模仿生物肌肉的行为，但它仍然需要一个外部压缩机。不过，专门研究软体机器人的工程师们在解决这些挑战方面取得了一些进展。例如，来自瑞士和日本的一组研究人员展示了一种纤维状的软体泵。它是一根有弹性、可自由弯曲的纤细带状物，里面灌满盐水。当有小电流通过时，它可以沿着纵向伸展。[7] 这些软体泵可以与气动人工肌肉集成在一起，为后者提供安静、轻便、灵活的动力。[8] 研究人员们还在研究各种柔软的弹性膜，例如介电弹性体（dielectric elastomer）和形状记忆高分子聚合物，这些弹性膜在有小电流通过时，会迅速恢复到初始形状。虽然依靠这些技术还不能产生很大的力量，但它们重量轻、质地柔软，而且可以做成各种形状，所以人们希望把它

们用在那些不需要太多力量的人造肌肉上——例如控制面部表情或身体其他微小部位的人造肌肉上。[9]

　　另外一个问题是，除了执行器之外，人形机器人的身体结构还不具备人体的敏捷性、灵活性以及力量。组成这些机器人的零件大部分是刚性的，是按照电动机械的经典工程原理设计和组装的。相比之下，人体是由骨骼和肌肉组成的。它们相互连接，形成肌肉骨骼网络，可以在数百个方向上变形，像弹簧一样吸收和释放能量，并迅速从柔软的被动模式转变为高强度的主动模式。最近出现的由肌肉骨骼网络组成的机器人可以接近人类的这些能力，是一个很有前途的研究方向。这种机器人的刚性部分起到骨骼的作用，彼此由铰链和至少一对肌腱连接（主动肌和拮抗肌），类似于脊椎动物的结构。当两个肌腱都放松时（即不受力的时候），铰链可以被动地围绕其关节运动；相反，当两个肌腱都受力时，铰链会变得僵硬，需要很大的外力才能移动。通过在主动肌上施加更多的力，或者在拮抗肌上施加更多的力，可以控制铰链的移动方向。在两个肌腱上同时施加力，可以控制整体的刚性。由刚性部件组成的人形机器人，比如本田公司的阿西莫机器人（Asimo），大约有 30 个自由度（degree of freedom，指机器人的部件可移动方向的数量），但由肌肉骨骼网络组成的机器人大约有 60 个自由度。它们更加敏捷，但与拥有 400 多个自由度的人类相比，仍然有很大的差距。东京大学设计的肌肉骨骼机器人腱悟郎（Kengoro）模仿了普通人的身体比例、体重、骨骼和肌肉结构。[10]腱悟郎机器人有 114 个自由度（做到了人体自由度的 27%），如果算上手部的运动，自由度达到了 174 个。腱悟郎机器人的肌肉由电机、机械部件、电线和传感器组成，连接到机器人的刚性框架（骨骼）上。与其他人形机器人不同，这款机器人在设计上可以让整个躯体与环境互动，它忠实地复刻了人体51%的肌肉。拉拽肌腱的电动机产生了大量热量，为了散热，这款机器人还配备了一个全身循环的液体冷却系统。正如《连线》（Wired）杂志描述的那样，这个冷却系统的神奇或者诡异之处在于，在剧烈运动（比如做俯卧撑）时，机器人就会像人一样，流出微小的汗滴。[11] 东京大学的研究团队预测，他们的机器人可能会在医学院里用作研究人体运动的模型。而且可能有一天，在人形机器人伴侣身上也会用上这种肌肉骨骼技术。

　　在情感方面与机器人建立亲密关系，可能比在身体方面建立亲密关系更具挑战性。制造高度逼真的仿人类机器人并不困难——电影行业的视觉特效专家已经干了几十年了——只要让它们站着不动，保持沉默就行。但让它们在移动和交谈的过程中，与人类进行自然的、可信的、令人满意的互动则是另一回事。我们目前还无法做到这一点。

　　然而，人类心理的两个特点可能帮助我们在可预见的未来，推动本章开头的那个虚构故事成为现实。第一个特点是，人类有一种天生的倾向，会把简单的、可移动的物体看作是有复杂情感和社会能力的东西。20世纪50年代初，英国神经科学家和电气工程师格雷·沃尔特（Grey Walter）制造了一系列可以自主移动的机器人，用来证明复杂的、以目的为导向的行为不需要复杂的大脑。[12] 他的轮式机器人有鞋盒大小，配备了光传感器、保险杠、电气开关和硬连接电阻器，可以在他家的客厅里漫步，避

开家具，躲开光亮，最终躲进一个黑暗的地方，停在那里一动不
动。BBC 的一位评论员在描述这个机器人行动时用的词语充满
了情感内涵，而这些词语通常是用来描述动物的。大约 30 年后，
位于德国图宾根（Tübingen）的马克斯–普朗克生物控制论研究
所（Max–Planck Institute of Biological Cybernetics）的前主任，神
经解剖学家瓦伦蒂诺·布赖滕贝格（Valentino Braitenberg）出版
了一本小册子，描述了一系列想象中的小车。这些小车由简单的
传感器和马达连接而成。它们的设计灵感来自神经系统的解剖学
和生理学知识，比如对称结构、左右脑区域之间的横向连接、时
滞活动，以及输入信号的非线性变换，等等。[13] 当置于某一环境
中时，布赖滕贝格的小车会表现出一系列复杂行为，观察者可能
会把这些行为标记为攻击、爱、恐惧、逻辑、远见，甚至自由意
志。尽管这些想象中的小车激发了一些机器人专家的灵感，并在
20 世纪末的几十年中促成了仿生物机器人的诞生，但布赖滕贝格
的目的是要证明，动物行为中的复杂性，很大程度上来自与环境
的互动，而不是像神经解剖学家过去认为的那样，来自大脑的复
杂性。

　　人类心理上的第二个特点就是，交流是双向的，发出信号的
人和接收信号的人都扮演着主动的角色。这个特点也有助于推动
人类与机器人之间的社交互动和情感投入。大约二十年前，麻省
理工学院媒体实验室的教授兼副主任辛西娅·布雷齐尔（Cynthia
Breazeal）研发出的好运机器人（Kismet）非常清楚地阐明了这
一点。好运机器人是一个会说话的机器人头，有眼睛、眼睑、耳
朵、嘴唇、脖子，配备了摄像机、麦克风和扬声器。[14] 它的行为

是由一系列刺激–反应规则驱动的，这些规则依靠外部传感器的信号触发。例如，这个机器人头可以和人类共同关注一个事物，可以从语音特征中识别出情绪状态，并给出富有表现力的反馈，还可以主动和人类互动。虽然机器人并不能完全理解人类的语言，但这似乎并没有给人类带来困扰。他们会和机器人进行长时间的对话，并根据机器人的行为自我调整——例如降低语速，花更长的时间等待回应，从机器人的回答中寻找线索。正如布雷齐尔所说："社交互动不仅仅是按照流程交换信息，它还是参与者之间进行的流动的舞蹈。简而言之，为了与人类进行高质量的互动——即吸引人的、充满感情的互动，机器人不仅要做正确的事情，而且要在正确的时间以正确的方式做正确的事情。" [15] 对人机协作性（也称为协作流畅性）的测量表明，机器人做出的回应越快，人类对机器人流畅性的主观感受就越好。[16] 与实体机器人进行交流会产生很强的效果，可以影响和改变人类的行为。例如，由 Catalia Health 公司开发的小型人形机器人经证明可以督促人类遵守医嘱，完成复杂的治疗方案，从而减少护士或医生的监督工作。麻省理工学院的研究人员凯特·达林（Kate Darling）在她的《新品种》（*The New Breed*）一书中提供了大量证据，证明具有人类特征的、可以模仿人类动作的机器人能引起人类强烈的情感共鸣，类似我们从动物伴侣身上建立的情感共鸣。[17] 如果机器人抱怨并无助地扭动，人类会立即放下它们，并会感到内疚。根据达林的报告，逼真的外表甚至不是人类和机器人之间建立牢固联系的必要条件，比如，扫地机器人的主人会要求制造商修理自己的机器人，而不是更换另一个替代品；与排雷机器人一起工作的士兵会冒着生命危险将机器人从敌人的炮火中带回安全地带。如今的语音助手，比如苹果公司的 Siri 和亚马逊的 Alexa，在语音识别方面都非常出色，但因为没有身体，所以无法鼓励人们持续和它们对话。

　　然而，建立一种亲密关系（不仅仅是性关系），需要的不光是语言和手势。情感关系通常还涉及触摸和被触摸的感觉，另一个人皮肤的温度和质感，抚摸时的压力、速度和移动轨迹。在许多情况下，这些触觉感官可以比语言传达更多的信息和感受。例如，研究人员发现，触摸人形机器人身体上较难触及的区域（比如臀部和生殖器），比触摸更容易触及的区域（比如手和脚）更能唤起生理上的兴奋。这表明人们将触摸身体部位视为一种亲密行为，而且不需要这个被触摸的对象是人类。[18] 对于机器人伴侣来说，能够感知到人类的触摸也很重要。科学家把人类的触摸称为触觉信息（hapit information）；"haptic" 这个词来自希腊语 "*haptesthai*"，意思是"触摸"。Paro 是一款社交机器人，样子看上去像一只幼年的格陵兰海豹。在它柔软的皮毛下，装有相对简单的触觉传感器。它利用这些传感器来感知人们的拥抱、抚摸或拍打，并做出反应，以获得人们的积极反馈。这款机器人是由日本机器人专家柴田崇德（Takanori Shibata）设计的。自 21 世纪初以来，这款机器人已经被应用在医院和养老院中。人们发现，它们可以改善老年人的情绪[19]，帮助治疗抑郁症[20]，缓解与老年痴呆相关的行为障碍[21]，甚至可以促进患者和护理人员之间的互动。[22] 皮肤是人类最大的传感器。它由神经系统精密控制，为我们提供各种精确的局部感觉，经常在我们甚至还没有意识到的情况下，帮助我们完成日常任务。试着用冻得麻木的手指拿起并点燃一根火柴棍（如果你不想让自己的手指被冻得麻木，那么你可以在网上找到一段科学实验的视频，里面实验对象的手指被暂时麻醉了）。[23] 这是如今的机器人面临的一大挑战，因为它们没有类似皮肤的传感器，所以必须依靠视觉或其他相对不成熟的传感器才能完成这种任务。这也是机器人在完成一些动作和其他身体互动方面不如人类灵活的原因之一。

2019 年，慕尼黑工业大学（Technical University Munich）的机器人学教授戈登·陈（Gordon Cheng）推出了一种可以包裹在机器人身体上的机器人皮肤。[24] 这种皮肤是由无数六角形小贴片组成的可折叠的表面，可以感知触碰、加速度、接近和温度。虽然这些贴片相对较大（直径约为 2.5 厘米），但它们可以帮助机器人更好地了解周围的环境，并在接近人类时能更安全地行动。当戈登·陈的团队致力于将这些皮肤贴片小型化时，还有一些研究人员则专注于柔软且可拉伸的弹性体研究。例如，麻省理工学院的丹妮拉·鲁斯教授领导的团队研发出了一种人造皮肤。它由一层导电硅胶膜制成，经过剪裁后形成一定的图案。这种剪裁方法称为"日本剪纸术"（kirigami），有点类似日本折纸术（origami），除了简单的折叠外，还使用小切口来实现大的结构变形。[25] 这种皮肤可以附着在任何柔软的身体上，在依靠神经元网络、深度学习的人工智能的帮助下，可以感知由外力或内部产生的运动引起的变形。不过，这离生物皮肤上感觉器官的多样性、感觉器官的密度和一致性还差得非常远。

技术只是故事的一部分。机器人伴侣还需要更精密的触觉智能，才能与人类建立起亲密的身体关系。例如，拥抱是一种常见的动作，可以减轻压力，有助于产生共情。凯瑟琳·库亨贝克（Katherine Kuchenbecker）领导的马克斯-普朗克智能系统研究所（Max-Planck Institute for Intelligent Systems）在德国斯图加特开发出一款拥抱机器人（HuggieBot）。它是一款商用人形机器人的改装版本，用于研究在人类的拥抱中，哪些因素最重要。[26] 研究表明，人类不仅喜欢拥抱柔软、温暖的身体，还喜欢在拥抱时，机器人能匹配他们的拥抱力度和持续时间；换句话说，他们喜欢受到温柔舒适的挤压，并且希望在自己松开手臂时，机器人也能马上和他们脱离接触。此外，研究还表明，对拥抱感到满意的人最终对机器人的看法也更积极。所有这些都预示着我们那个虚构的故事有可能实现。随着机器人的身体变得更协调、更敏捷、更柔软，感知和运动能力更好，并且学会了如何与人类进行社交互动、身体互动，人类才可能更容易认为它们具有逻辑和情感智能，并愿意和它们建立更持久、更令人满意的亲密关系。

这些机器人会长成什么样子？如果人形机器人长得像真人，会发生什么？大阪大学（University of Osaka）石黑浩（Hiroshi Ishiguro）教授的大部分职业生涯里都在尝试制造和真人一模一样的机器人（包括男人和女人）。他让这些机器人与人类互动并进行实验，研究在什么时候、什么条件下，人类会真的觉得和一个真人在一起。

他最著名的作品之一是"双子"系列机器人（Geminoid），这是在 21 世纪 00 年代末到 10 年代初那几年开发出来的。[27] 双子机器人简直就是石黑浩本人的机器人复制品。它的面孔模型就是根据这位创造者的脸直接翻模出来的，上面附着一层硅胶皮肤，并且绘出了面部的细节和纹理。这个机器人有大约 50 个气动执行器，可以顺畅地移动脸、手臂和躯干——只不过速度很慢。双子机器人不能走动；它的设计初衷就是与坐在桌子旁的人对话，同时由人类操作员远程控制——理想情况下，就是接受它模仿的那个人类原型的控制。石黑浩设计了一个远程控制接口，通过红外动作捕捉系统捕捉到他自己嘴唇的动作，并将其转化为气动执行器的指令，通过数据链路发送过去，驱动机器人的嘴唇运动。和指令同时发过去的还有他自己的声音。通过这种方式，人类操作员只用说话就可以了，而机器人会在另一端重现他说话时各个方面的表现（说话的声音以及嘴唇的动作）。与此同时，石黑浩可以通过摄像头和麦克风监控机器人周围的环境，而且可以在图形界面上轻松操作鼠标，控制双子机器人的其余 50 个自由度。它的整体设计集中在和对话互动相关的身体部位和动作的控制上，这款机器人不能操作物体，但它可以点头表示同意，摇头表示反对，还能微笑和凝视。

双子机器人为石黑浩赢得了声誉，并获得了不少媒体的报道。其中包括他与机器人同框的几张照片。尽管在视频中他们的差异很明显，但在当时的静态照片中，很难区分出哪个是机器人，哪个是真人。不过，石黑浩的主要兴趣是研究人类与这款机器人的反应和互动。当人们与石黑浩的替身互动时，是否也会像我们看电影时一样，渐渐地对角色产生情感，就好像它们是真人一样？他们会觉得自己是和真人在一起吗？

据说，石黑浩声称，大多数人在第一次见到双子机器人并意识到它其实是一个机器人时，会产生一种"怪异和紧张的感觉"。但当他们专注于和它互动时，这种奇怪的感觉很快就消失了。事实上，在实验中，石黑浩发现了一些有趣的事情。不光涉及他人的反应，也涉及他自己的反应。在远程操作机器人时，他发现自己也"不知不觉地按照双子机器人的动作调整了自己的动作……我发现，不仅是双子机器人，就连我自己的身体也受到了限制，只能做它能做的动作了"。换句话说，他很快就化身到了机器人里面。

自 2010 年以来，机器人技术取得了很多进步——事实上，我们在本书中描述的大多数技术都是在双子机器人项目之后出现的。最近，石黑浩利用软体机器人和人工智能领域的最新进展，特别是处理自然语言的人工智能分支，制造出了艾丽卡（Erica）——一款可以与人类对话的女性自主机器人。与双子机器人不同，她不需要远程控制；但和双子机器人一样的是，艾丽卡机器人很快在日本国内外引起了媒体的轰动。艾丽卡机器人的驱动方式（基于气动系统）和自由度与她的前辈相似，但在人工智能的帮助下，她可以实时调整自己的回答，在日常谈话中多多少少能做出恰当的回应。例如，她问："你来自哪里？"当被提问者回答"京都"时，她会说："啊，离这里倒是不远。"艾丽卡机器人还使用视觉和图像识别算法（类似谷歌的图像搜索算法）来检测房间里是否有人，跟随他们的目光并与之互动，还能对面部表情和情绪进行一些基本的解读。据《好莱坞记者报》（*Hollywood Reporter*）的报道，在写这本书的时候，艾丽卡机器人正在一部电影中充当演员，扮演她自己。这部电影讲的是一个科学家和他制造的机器人的故事。

　　艾丽卡并不是唯一的女性机器人。索菲亚（Sophia）是另一款女性机器人，她拥有逼真的面孔和表情，依靠人工智能与人类进行交流。索菲亚也曾在电视连续剧《西部世界》（Westworld）中扮演她自己。索菲亚是由机器人专家大卫·汉森（David Hanson）在中国香港创立的汉森机器人公司（Hanson Robotics）生产的。汉森将他的机器人作为平台，研究人工智能、医学和娱乐方面的应用。与艾丽卡不同，索菲亚并没有试图隐藏她的机器人本质——她的头骨后部是透明的，可以看到牵动面部肌肉和肌腱的马达，她的身体也明显是机器人的。这种表明身份的做法可能是有原因的。50多年前，东京工业大学（Tokyo Institute of Technology）的机器人学教授森政弘（Masahiro Mori）写了一篇文章，探讨机器人引发的情感有什么特征。[28] 在森政弘看来，随着机器人变得越来越像人类，人们的感觉会越来越积极。但在这个过程中，人类会在某个节点开始体验到一种神秘的、诡异的感觉。然而，当机器人与人类的相似度接近100%时，人们的感觉会再次变得积极起来。森政弘创造了"恐怖谷"（uncanny valley）一词，指的是被两个积极情绪的高峰包围的这块诡异情绪的区域。尽管的确有报道称，当人类面对和真人一样的机器人时，会产生奇怪的感觉，但何时产生了这种感觉、究竟是什么引起了这种感觉，仍然存在争议。有研究人员认为，当人类发现他们以前认为有生命的东西实际上是一台机器时，就会产生这种感觉；还有的研究人员认为，当大脑的某些部分检测到高度的相似性（比如看上去和真人一样）与不太真实的特征（比如缓慢的动作）之

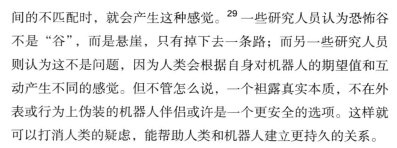

间的不匹配时，就会产生这种感觉。[29] 一些研究人员认为恐怖谷不是"谷"，而是悬崖，只有掉下去一条路；而另一些研究人员则认为这不是问题，因为人类会根据自身对机器人的期望值和互动产生不同的感觉。但不管怎么说，一个袒露真实本质，不在外表或行为上伪装的机器人伴侣或许是一个更安全的选项。这样就可以打消人类的疑虑，能帮助人类和机器人建立更持久的关系。

根据英国研究人员凯特·德夫林（Kate Devlin）的说法，最好的性爱机器人根本不能长得像人类，但它们可以使用软体机器人技术，扩大人类的性行为范围。在 2016—2017 年的两年时间里，德夫林在伦敦金史密斯大学（Goldsmith University）组织了一次名为"性技术黑客"的活动，希望激励学生们在把机器人技术应用到性行为这一问题上，并展示自己的创造力。《卫报》（*Guardian*）报道说，根据德夫林自己的评估，令人印象最深刻，也是最性感的一种创意是一张安装了若干充气塑料管的床。使用者躺在床上，被这些塑料管拥抱、挤压、触摸，被管子包围着，随着空气的节律跳动。[30]

人们经常指责网络色情会让人上瘾，并导致性功能障碍和情感障碍——实际上，每当"成瘾"和"网络"这两个词结合在一起时，就会受到公众的指责；尽管如此，很难找到确凿的证据。如果性爱机器人成为一种不像人类但更令人满意的色情形式，它确实可能会让一些用户变得孤僻，感情错乱。

不过，持乐观思路的人指出，这种机器人可以缓解人的性需求，而且——是的，还可以为老年人、残疾人，也许还有狱中的囚犯，提供某种形式的性陪伴。

　　学者大卫·列维在 2007 年就这一主题写了第一批书。他预测到 21 世纪中期将出现第一例人类与机器人的婚姻。总体而言，他对此持乐观态度。他指出，性爱机器人可以取代人类（尽管并不完全特指女性，但大多数情况下的确如此）从事地球上最古老的可能也是最没人愿意做的职业。他认为这是一件好事。

　　"我开始分析嫖客的心理，"他在 2008 年接受《科学美国人》杂志的采访时说。[31]"人们花钱购买性服务的一个最常见的理由是，他们需要各种花样的性伴侣。而有了机器人，你可以今天有一个金发的机器人，明天有一个黑发或红发的机器人。或者他们想要不同的性体验；或者不想对一段关系做出承诺，只想在一段时间内保持性关系。人们想与妓女发生性关系的所有理由也适用于与机器人发生性关系的情况。"

　　列维的观点很实际。卖淫自古就有，任何手段（包括法律和教育）都无法让它消失。购买性服务的人将出卖肉体的人物化，这和从机器人那里购买性服务没有什么区别——前提是它足够像真人。如果可行，这将是用机器取代人类的工作后，让所有人都满意的一个例子。也许并不会有那么多人特地购买一个性爱机器人放在家里，但是机器人妓院（一旦技术成熟）就可能变成现实，而且在很多方面都会比当前的妓院更好。

　　"我不认为与机器人的情感和性关系会结束或破坏人与人之间的亲密关系。"列维继续说，"人们仍然会爱另一个人，和另一个人发生性关系。但我认为，有些人会因为各种原因在情感和性生活方面感到失落，他们可以从机器人那里得到补偿。还有些人可能会被媒体的报道所吸引，出于好奇去和机器人发生性关系。

总有人喜欢跟别人攀比。"

列维的观点并不能说服凯瑟琳·理查森（Kathleen Richardson）。她是英国莱斯特郡德蒙特福特大学（De Montfort University）的教授，专门研究机器人和人工智能的伦理和文化。2015 年，她发起了"反对性爱机器人运动"，实际上是要禁止在现在和未来开发和销售哈莫妮性爱机器人。她在接受 BBC 采访时表示："我们认为，制造这样的机器人会破坏男人与女人、成年人与孩子、男人与男人、女人与女人之间的关系。"她警告说，性爱机器人——至少是模仿女性身体的人形机器人——实际上是人造的女性奴隶。它们会进一步鼓励以男性为中心看待性和权力的视角。而且，对女性身体的所有权是歧视女性、暴力侵害女性和强奸女性的思想根源。2016 年，她在《IEEE 技术与社会》（*IEEE Technology and Society*）杂志上发表的一篇文章中写道："这些充气娃娃主要以女性的色情形象为原型。……这些机器人的语言程序设计主要针对它们的买家 / 所有者。尽管机器人的外观设计（她们的种族和年龄也很重要）遵循了色情产业的规律，但性爱机器人的买家 / 所有者与机器人之间的关系并不源自一次带有感情的人类邂逅，而是源自一次以性买卖为特征的、没有感情因素的接触。"[32] 她指出，想象一下，你可以通过编程唆使一个性爱机器人先是拒绝和人类发生性关系，并进行抵抗，然后放弃挣扎。这样做难道不是在鼓励强奸文化并使其看起来更合理吗？而且，我们很容易就能想到，会有多少人用一个可编程的机器人来满足他们的这种性幻想呢？至于列维认为机器人妓女比人类妓女更好的观点，她也并不认同："这个提议是，男性只要以他们想要的方式得到满足就足够了，而不需要考虑有情感交流的、互惠的亲密关系。只有认为人是物品，并且认为人与人之间的工具性亲密关系是正面的，不会对人与人之间的社会性关系产生影响的时候，这种逻辑才有意义。"

本章以一个虚构的故事开始，讲述了一个尴尬却快乐的时刻。这个故事借鉴了列维对性爱机器人的乐观态度，这种态度为人类和机器人之间结成更全面的情感纽带铺平了道路。但像理查森这样的质疑也很有益处。如果机器人产业继续发展，研究出了某种超级逼真的性爱机器人，或者某种自动化的卖淫产业，它们将会受到更普遍的质疑。

🕐 美国马萨诸塞州波士顿，2072 年 6 月 2 日

再有两周就是他们结婚一周年的纪念日了，但杰克仍然不知道该送什么礼物给阿普丽尔，这让他有点紧张。她曾经提到过，她对他的礼物有很多想法。你当然有很多想法了，他想。她可以访问他在网络上的所有搜索记录，甚至他对哪类东西稍有兴趣，她都知道，并且可以在几秒内浏览和比较数千种产品。让我面对现实吧，他想，在和机器人的婚姻中，机器人为人类选择礼物要比人类为机器人选择礼物容易得多。

然而，今天早上，他没有时间去思考该送她什么礼物，因为他们要送出一件他们几天前一起挑选的礼物。在结婚差不多一年

后，他们再次来到波士顿市政厅，来到市长曾经为他们指定的那间典礼室。今天在这里举行了该市第二场人类和机器人的婚礼。他们是通过一个共同的熟人——海伦·米扎基认识对方的。这位工程师促成了这两对夫妇的婚姻。他们立刻就喜欢上了对方，开始一起出去吃饭或喝酒。一开始，当杰克、阿普丽尔和埃里克、詹妮弗一起出去时，他们都很高兴：终于有一对夫妻可以和他们做伴了，这可能是唯一不会对他们评头论足的夫妻。他们在对方面前感到很自在，因为彼此都能理解。结婚第一年，他们过得很好：当然，有过一些磕磕绊绊，也有过几次激烈的争吵，但最终他们欣然接受，因为这只是证明了他们的婚姻是真实的婚姻。真正困难的部分——除了媒体的持续关注外——是他们每次聚会时在亲戚和朋友中感到的局促不安。埃里克和詹妮弗的陪伴让他们放松了下来。很快他们就发现，除了显而易见的共同点之外，他们真的有很多相似的地方，这让他们最终成了真正的朋友。当杰克和阿普丽尔终于收到埃里克和詹妮弗的婚礼邀请时，真是开心极了。如今，这一天已经到来，他们怎么能不高兴呢？

　　杰克和阿普丽尔手牵着手来到市政厅，从一大群像往常一样蜂拥的记者、摄影师和好奇的围观者面前走过。虽然这不是"第一次"这种类型的婚礼，但仍然是与众不同的婚礼。就像一年前杰克和阿普丽尔的婚礼那样，这吸引了很多媒体的关注。他们走上台阶，走进那间给他们留下深刻记忆的典礼室。当市政官员宣布这对新婚佳人的名字时，他们俩笑了：詹妮弗·马斯特森，38 岁，来自康涅狄格州的哈特福德；埃里克（从现在起是埃里克·马斯特森了），她的机器人配偶。

6

第六章

未来工厂的一天

🕐 越南胡志明市，2049 年

图艳驱车来到西贡科技园（Saigon Tech Park）一座灰橙色外墙的建筑物前。当她从车里出来时，正好迎来黎明的第一缕曙光。她来得这么早是有充分理由的。从市中心到她公司总部所在的这片工业区的路总是堵车。所以她像往常一样，喜欢早早出门，好避开交通拥堵。在过去的几十年里，胡志明市发生了巨大的变化，成为亚洲最具活力、发展势头最强劲的高科技中心之一。但有一件事并没有太大改变：居民们仍然习惯在街道上使用小轮摩托车和小型货车，这让行人和她自己开的这种自动驾驶的汽车几乎无法通行。在交通高峰时段，这些汽车不得不在城市的主干道上爬行，自动驾驶仪必须全力以赴才能避免撞到行人。

不过，她今天早来还有另一个不寻常的原因。今天对于她的公司和她自己来说，是个重要的日子。她的公司将从今天开始，在这座灰橙色相间的建筑里，大量生产一款产品。这款产品将在消费科技领域掀起风暴，帮助公司在该领域内成为世界的领导者。至少有这个可能——作为负责这款产品的项目经理，她把自己的职业生涯全部押在了上面。

她对着生产部大门上的人脸识别摄像头微笑了一下，门开了。她脱下外套挂好，从入口附近的饮料机上拿了一杯茶，走进了主生产厂房。这里现在很安静，没有人，只有天花板上悬停的

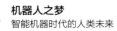

无人机偶尔会发出轻微的哔哔声。然而，过不了一个小时，这里就会热闹起来。

在试运行阶段，生产流水线已经进行过各种测试，但这是正式开始生产和运输的第一天，很多事情都可能出错，感到紧张是难免的。不过，她很享受这片刻的宁静，等待着她的人类和机器人同事出现。

两个小时过后，这种宁静似乎已成为遥远的回忆。生产厂房里挤满了女人、男人和机器人。人们聚集在沿着厂房布置的各处工位里，有的独自工作，有的几个人一起合作。他们每个人都专注在一个最终会安装到产品上的核心组件上。机器人在厂房里不停地走来走去。随时都有无人机从天花板上的机舱中飞出，三四架一组，有时六架一组，直接飞向仓库。在仓库里，它们从一个货架飞向另一个货架，用安装在机身上的摄像头检查库存，并重新安排货架间的零部件分布，有时还会抓起一些小零件，把它们拎到一个工位上去。与此同时，轮式机器人负责处理较重的箱子和设备，把它们从仓库货架上抬起并运输到生产厂房。所有这些机器人都在不停地飞行和移动。它们彼此之间不断地交叉穿行，也和人类交叉穿行，但它们从来不会撞到对方，也不必过多地减速，看得人眼花缭乱。

不过，图艳没有时间欣赏这些仓库机器人的技巧。她必须跟踪第一批产品在各个工位上的进展情况，以确保按计划执行流程。她从厂房中央的工位开始检查。她的同事荣正和一个助手配合，将产品的核心构件组装在一起。

"你们俩相处得怎么样？"图艳笑着问。

"好极了。"荣愉快地回答道。作为一名经验丰富的技术人员，他经历过几次新产品的上线，工作压力并不会影响他的好心情。"他还有很多东西要学，但他从不缺乏热情，也从不感到厌倦。"在谈到他的助手时，荣这样评价。

荣的任务是指导他的助手工作。他的助手会将传感器、电子设备和执行器小心地插入一层织物当中，并在上面缝上另一层织物。这项工作需要精确的动作和精密的操作。尽管他们已经进行过几次培训，但荣仍然需要用只言片语来提供一些指导。不过，他更喜欢亲自做示范。他首先向助手展示了如何精密地把每个组件放在正确的位置上，然后让助手重复这些动作。他轻轻地把手放在助手的手腕和手指上，亲自领着一起移动，或者减慢速度，或者朝正确的方向移动。这个助手是从天花板上垂下来的一只"手臂"，很像大象的鼻子，顶端有两个柔性的、手指状的附属肢体。它一直在帮助他们挑选零件，并将它们放在合适的位置上。

"好的，就这么干。"看到他的徒弟缝好第一块带有传感器的皮肤后，荣露出了灿烂的微笑。"再过几天，他就不需要我了，而且他还能教会其他人。"他告诉图艳说，"我只要在工位上来回走动，监督我这三四个助手完成所有的工作，一边检查他们的完成情况，一边纳闷为什么我讲的笑话逗不乐他们。"

图艳笑了，她喜欢荣的这种不可多得的乐观；看到他的助手刚刚毫无故障地完成了一项组装任务，她更开心了。一旦完成这项任务，机器人就合上柔软的手指，缩回了它用铰链接驳的手臂（她不禁有些好奇：为什么她觉得机器人是"它"，而荣觉得是"他"？）在一盏绿灯旁边，是机器人的脸——其实是一张屏幕。

屏幕上打出了一行信息："完成第一件产品！"这是它对这一壮举感到满意的唯一标志。在几十年前，完成如此精细的操作对机器人来说还是不可想象的。

德国柏林和瑞士洛桑，现在

第一个进入工厂的机器人是一个与计算机相连的机械臂。它叫 Unimate，由机器人界的先驱乔治·德沃（George Devol）和约瑟夫·恩格尔伯格（Joseph Engelberger）共同制造。据报道，它首次投入应用是在 1961 年进入通用汽车厂工作。它的任务是拿起压铸后的汽车门把手，放入冷却液中，然后将它们移动到焊接区域，最终被焊接到汽车上。60 年后，搬运作业（即"移除、定位、输送、转置和输送工件或材料"）仍然是机器人在全球工厂中最常见的工作，占工业机器人工作的 40% 以上。[1]

最近，将机器人应用在管理仓库方面的情况越来越多。亚马逊公司的分拣中心使用数十个轮式机器人，由一个中心软件负责协调，从仓库中抓取包裹，根据目的地进行分组，把包裹放在传送带上，最终送到快递车上。这些机器人由亚马逊机器人公司（Amazon Robotics）制造。这家公司以前叫基瓦系统公司（Kiva Systems），后来成为这个零售业巨头的子公司。卡内基梅隆大学（Carnegie Mellon）教授拉菲罗·安德烈（Raffaello D'Andrea）是该公司的联合创始人。安德烈现在是苏黎世联邦理工学院的教授，他最近开始和宜家家居公司（IKEA）在另一个项目上进行合作。宜家家居是一家全球公司，拥有大量的仓库管理需求。安德烈使用最新的、配备了摄像头的无人机来监控大型仓库的仓储情况。目前，这些无人机的工作不是处理包裹，而是将货物托盘在货架上分布情况的图像上载并传送回中心控制站。在中心控制站，人们下载数据并通过算法进行分析，然后制定策略，让仓库空间的利用更有效。

在亚马逊公司以及其他地方，货物运输的上游部分工作（即从货架上拿取商品、包装，以便运输）仍然主要由手工完成。但亚马逊公司一直在资助"机器人拿取货物"的研究，并希望提高这方面的自动化程度。

在制造业和物流业，机器人处理的大多是形状规则的刚性物体。工业机器人的成功之处主要在处理这些硬物体方面，它们能以可预测的行为方式抓取、搬运和重新放置硬物体。2018 年，新加坡南洋理工大学（Nanyang Technological University）的研究人员展示了如何使用两只工业机械臂，安全可靠地完成一把宜家椅子的组装。这两只工业机械臂配备了 3D 相机和两根手指的夹持器，它的手腕上装有力度传感器，并装载了现在流行的机器人操作系统。[2] 这两只机械臂花了大约 20 分钟的时间装好了椅子：它们识别并定位散落在地板上的零件，自行规划操作步骤，并最终完成了组装。最困难的部分是插入将椅子部件固定在一起的木销，因为机械臂的实际动作和计划中的动作不匹配。但机械臂最终想出了办法。它拿着木销轻轻滑过椅子表面，利用力度传感器感知到木销对应的孔洞，从而解决了这个问题。

　　尽管取得了这一非凡的成就，但机器人在处理柔软、易碎的物品或其他多种材料（比如食品、织物、废弃物和各种易变形的材料）的工业过程中，发挥的作用仍然有限。正如我们在洛桑联邦理工学院的同事奥德·比拉德（Aude Billard）指出的那样："在那些需要处理可变形物体的领域，我们还需要很多努力，才能让机器人取代或辅助人类工作。我们不懂如何在数学上处理这个问题。此外，在完成一些需要推理能力的任务时，我们也存在问题。很多任务并不是完全重复的。这样的任务在组装工作或者制造高品质产品的过程中很多，比如组装无人机或制造其他机器人。"人类非常擅长将物体，特别是可变形的物体，精确地插入指定的位置中。这需要精细的力度控制，目前的机器人还无法做到。

　　机器人一旦具备这种能力，将改变从制造业到服务业的许多领域的游戏规则。这些能够抓取和操纵不同大小物体的机器人可以应用在许多工厂流水线中。它们可以毫不费力地在大小物体之间切换，自主决定是用两根手指捻起物体，还是用整只手握住物体。

　　因此，我们也就不难理解为什么柔性抓取、柔性处理和柔性操控目前成为热门的研究领域。如果能解决这些问题，将推动工厂自动化的第二波浪潮（Unimate 机械臂发起的是第一波浪潮），并将工业机器人的应用扩展到汽车和电子行业之外——目前，这两个行业仍然是工业机器人的最大买家。

　　德国研究人员奥利弗·布洛克（Oliver Brock）多年来一直在研究可以进行柔性操作的机器人，试图了解如何设计和控制机器人的手和手指，使其接近人手的灵巧程度。布洛克目前领导着一家总部位于柏林的研究所——智能科学研究所（Science of Intelligence）。他认为从操控性入手，是理解这一问题的关键。"纵观人类在分析智能进化时提出的所有理论，我们完全有理由说，人类的智能基本上都涉及如何移动。"他说，"我们所做的一切都是通过移动来有效完成的。在最原始的阶段，我们只是漂浮在水中，朝着营养物质移动；经过数万年的演变、进化，我们最终用上了工具。但在我看来，万事万物都涉及与世界的互动，而操控性则是与世界互动的首要问题。我们的大脑在进化过程中，会自己想出解决问题的方法，然后重复使用这些方法来解决更复杂的问题。满足操控性的解决方案会被大脑重复利用，来解决更复杂的问题。"

一些研究人员认为，操控性的未来是对柔性物体的操控，而软体机器人的操控器可以结合两方面的优点。就像经典的机械手一样，它们可以有很多个自由度——实际上甚至更多——这就使得它可以做出大量的动作。（我们回顾一下知识点：对于机器人专家而言，一个自由度指的是机器人可以移动某个部件的一种方式。自由度的数量，特别是当提到机械臂和机械手时，可以理解为铰链的数量）。但与经典机器人不同，柔性机械手不需要主动计算并精确控制所有这些自由度的运动，而是被动地贴合和适应柔性材料的特性。它们配有柔性的手指状附属肢体；通过膨胀、固化或者拉动附属肢体上的肌腱来完成各种动作。这些附属肢体会缠绕在不同形状和材料的物体上，如果物体发生变形，它们也会跟着轻柔地变形。柔性操控器还可以使用其他技巧来提高抓握能力。有些配备了像章鱼一样的小吸盘，由气动阀门启动；有些采用被动方式，有像壁虎一样的皮肤，可以粘在物体上；还有一些使用程序控制电流产生粘附力，类似于采用静电吸附表面上的轻型材料。[3] 比起传统的涉及自由度的铰链，这些机器人夹持器的执行器要少得多。因此，对比过去每个自由度都被精确控制和驱动的情况，机器人专家称这种情况为"不完全驱动"（underactuated）。

几年前，布洛克和他的团队展示了一种柔性的、灵巧的机械手，采用的是气动执行器。从那以后，他一直在对此进行改进。[4] 这款机械手的手指是用柔软的硅酮橡胶制成的，而手指根部则使用了不可拉伸的纤维。每根手指都有一个充气腔，充满空气后手指会改变大小。由于根部无法拉伸，所以手指就会弯曲。布洛克的机械手像人手一样，由五个弯曲的手指（四个长手指加上一个短拇指）和一个可充气的手掌组成。手掌充气后，拇指可以和另外四根手指相对——这正是人类的操控性如此强大的一个原因。为了证明他的机械手十分灵活，布洛克让他的机械手接受了卡潘吉测试（Kapandji test）。这通常是人类患者在康复期间进行的测试，测试项目包括用拇指指尖触摸其他手指上的八个点。一个人如果能触摸到所有这些点，他的手指就具备完整的功能。布洛克的机械手——代号 RBO 机械手，通过了这一类型的图灵测试，触摸到了 8 个点中的 7 个。它还针对 17 个不同的物体，使用了31 种不同的抓取方法。

RBO 机械手并不是当前唯一一款柔性机械手。在过去几年里，研究人员制造出了许多其他类型的柔性机械手，其中许多采用了不同的原理。但 RBO 机械手的优势在于，它可以很容易地根据不同的情况，制造出不同形状的机械手。制造这款机械手的流水线主要采用 3D 打印技术，可以制造出各种尺寸和抓握力量的机械手。布洛克的团队根据所需的抓握类型和抓握力量，为单个部件选择合适的形状和厚度，然后再进行手工组装。

　　布洛克指出，我们仍然缺乏设计和制造软体机器人的系统性方法。他喜欢拿"编程"来进行对比：我们对于编程问题已经有了一整套经过充分测试的、高度正规化的方法，涵盖了从芯片设计到编程语言的全部细节。但我们还远远没有到能制造出软体机器人的这一步。

　　"实际上，我不认为这有什么特别的困难；只不过，我们投入的时间还不够长。"他说，"将软体机器人与计算机科学进行比较有些不太公平。计算机科学始于几千年前，从我们使用数学描述物理学时就开始了。我们现在使用的算法可能是最近才发明的，但它们其实是建立在非常悠久的传统之上的。"布洛克认为，要在这一领域取得突破，需要一个真正的、新时代的思维。而这一切只是刚刚开始。我们要学会把物质看作是一种主动的东西，可以在不需要计算和控制的情况下解决问题。这种范式的转变就是机器人专家所说的"形态计算"（morphological computation）。[5]传统的机器人技术会对机器人的每一个动作都进行编程，因此，除非由计算机进行计算并进行控制，否则不会发生任何动作。而软体机器人和仿生机器人采用的材料和设计方法可以在不需要精确控制所有自由度的情况下，让机器人自己完成任务。这样可以有效地减轻计算机的计算负荷。

然而，没有感知能力的操控是没有效率的。对于在预定位置、预定形状的刚性物体，你可以编程让机械手在预定的时间执行预定的动作；只要不是上述情况，你就都需要某种程度的感知能力来定位、抓取和安全地移动物体。如今，工厂里最精密的机械手都会使用安装在天花板上或者安装在机械臂上的摄像头为它们提供的视觉信息，理解和指导它们的行动。但视觉提供的信息不像触觉那样丰富，也提供不了颗粒度信息。在第五章中，我们指出过，当接收不到触觉信息，只能依靠视觉信息时，人类在完成简单的操控时就会显得多么无助。人的手上布满了成千上万个神经末梢，它们可以感知物体的静态属性（比如纹理、压力、形状、温度、湿度）以及动态属性（比如振动、弯曲、摩擦和变形）。随着柔性机械手变得越来越灵巧，研究人员们正在开发一系列可以集成在柔性材料中的传感器。这些传感器利用了变形材料（比如液态金属和碳导电脂）的电阻特性和电容特性，以及机械、磁、热和光信号特性等。尽管我们离生物皮肤精细的感知能力还差得很远，但研究人员们在集成柔性传感器方面（提供不同的触觉信息）[6]以及模仿神经连接，将数千个这样的传感器集成在一个芯片方面，都取得了进展[7]。

为了破解那些目前只能由人工完成的复杂操作，设计和制造更加灵巧的、感知能力更强的硬件只是问题的一个方面。如何为机器人编程来操控可变形的物体，这个问题也许更具挑战性。仅依靠经典的控制理论，不可能做到准确地预测和逐步编程，来控制机器人完成抓取、握住、折叠和放置一块织物或柔软的橡皮筋所需的精确动作。毕竟，我们人类在选择使用两根手指或者整只手抓起一块布的时候，并没有意识到自己为什么要这样选择，以及怎样做出的选择。我们也没有意识到要用多大的力量才能抓住一颗鸡蛋而不捏碎它。

　　一种方法是让机器去学习。这是一个近年来在图像识别、自动翻译和蛋白质结构预测等诸多领域取得了巨大成功的方法。它也是谷歌研究院（Google Research）使用的方法。他们用这种方法制造了一个机器人，是一根连接在机械臂上、带有两根手指的夹持器，能够拾取不同大小、质量和外观的物体。[8] 这个机器人的大脑由一个神经元网络组成，可以接收机器人关节角度的信息，以及安装在机器人肩膀上的单目摄像机传送的图像。这个摄像机指向一个储物箱，边上随机散落着几个物体。经过数十万次的学习、尝试后，这个神经元网络可以预测抓取动作的后果。不少研究人员在模拟器上也会使用类似的学习方法，但这些模拟器依赖机器人的状态／动作空间模型，可能无法很好地转移到真实的机器人身上或者具有不同几何形状的机器人身上。相比之下，谷歌团队完全依据真实机器人生成的数据来训练神经元网络；而且，他们没有建立任何关于机器人的几何和运动学的先验知识。这个团队使用了 14 个机器人，收集了 80 万次抓取数据（相当于单个机器人运行了 3000 个小时），使神经元网络可以针对各种物体，准确地预测出最佳的抓取动作。此外，无论是夹持器的磨损，摄像头角度的轻微不同，还是机器人身上的微小硬件差异，都会造成数据的不一致，会让神经元网络看到不同的情况，在预测抓取结果时容错性更高；这种方式也适用于其他具有相同形态和传感器配置的机械臂。对于人类婴儿来说，双指抓握是一个重要的发展里程碑。人类婴儿在出生后会有七个月的时间只会用手完成简单的抓握动作，之后，他们学会了用拇指和食指拿起物体。有趣的是，谷歌团队报告说，在机器学习的过程中，机器人从婴儿身上学到了先把注意力集中到抓取对象上，然后再抓取的做法。

然而，我们在洛桑联邦理工学院的同事奥德·比拉德坚信，只依靠机器学习永远不可能完成任务。"我们要将它与经典的控制方法结合起来，从来都是如此。这么做有几个原因：你无法把一个机器人平台学到的东西轻松转移到另一个平台上，或者用在解决另一个问题上，基本上，每次都要重新学习；尽管我们很喜欢标准化，但我们永远不会有一款人人都使用的、相同的机械手。这就像所有人都使用相同的智能手机或相同的充电器一样，那只是个梦想。永远不会发生。"

但还有一个更根本的理由。在比拉德看来，如果机器人技术仅靠机器学习就能取得巨大的成功，那她将是"最不开心"的一个人。"科学的目的是理解，而不仅仅是得到结果。使用机器学习经常会碰到的情况是，人们只描述结果，却无法解释它们是如何得到这个结果的。"

不过，她认为机器学习有助于找出一些等式中的变量，这些变量是工程师自己永远无法找出的。事实上，比拉德就率先使用过一种机器学习技术，称为"示范学习"。它与经典的"模仿学习"不同；经典的模仿学习是神经元网络收到许多不同情况下的正确答案，并逐渐掌握一般规律。"示范学习"和"强化学习"也不同；强化学习是神经元网络尝试多种不同的策略，然后根据行动的结果接受数学上的"奖励和惩罚"。

学习一项新的动作技能——比如在吉他上演奏和弦、练习网球的反手击球，或者把豪华手表的内部机构装进表壳——仅仅通过阅读说明书是无法完成的。最好的办法是观察那些擅长于此的人，并模仿他们的动作。那么，为什么不在机器人身上进行同样的尝试呢？

事实上，这是可以做到的，而且已经做到了。比拉德的团队结合了示范学习和经典控制的方法，训练了一款工业机械臂。这款机械臂配备了一个四指夹持器和一组摄像头，可以从房间的不同位置监控现场。它可以抓住扔向它的各种物体，包括网球拍、瓶子和各种球。[9]"只有将机器学习和经典控制方法结合起来，才能做到这一点。"比拉德解释道，"当我们试图抓住一只飞来的瓶子时，根本没有一个数学模型可以描述这只装了若干液体的瓶子是如何在空中飞行的。液体还会随着瓶子的旋转而运动；它太复杂了，无法建立数学模型。但我们可以捕捉到加速度、位置和速度——简而言之就是牛顿定律的那些东西——然后我们用机器学习估算其他参数。"在实际操作中，一开始，比拉德和她的团队向人类同事扔瓶子，同时用摄像机记录下来。然后，他们让机器学习算法来消化这些视频，同时告诉它们每个物体静止时的物理模型，让它们学会预测每个物体可能的轨迹，并预测人类如何抓住它们、在哪里抓住它们。然后，他们将这种预测能力移植到一个模拟机器人上，然后进行更多的实验以扩展训练数据，最后再移植到一个真实的机器人上。

"示范学习"正在迅速成为工业机器人的主流学习方法。"你

现在看到的几乎所有机械臂都是可以反向驱动的：你可以用自己的手移动它们，并向它们展示正确的动作。"比拉德说。她的团队是最早引入这种动觉示范技术的。[10] 她也指出了问题——现在的许多平台在再现动作时太不精确——至少达不到工业生产所要求的那种精确。"真正缺乏的是对力度的精确控制。操控性在很大程度上是关于力度控制的，但这一点很难移植。"她指出，"我们缺乏移植力度的好接口。我们可以说，根据示范进行编程，已经完全解决了轨迹学习的问题。这很好，但还不够，因为工业应用还需要力度的控制，这一点完全没有解决。"

尽管如此，比拉德认为示范学习会越来越进步，在未来的工厂中，特别是在重新编程让机器人生产另一种产品的时候，会发挥重要的作用。"眼下，你还需要让程序员从头开始编程。这个成本很高。"她说，"但在一些任务中，特别是在拾取和放置任务中，你只需要让机器人知道，它不用在这个位置而要在另一个位置拿零件即可。如果新零件比旧零件小，你只需要示范给机器人如何抓住即可。这对工业生产来说极其宝贵，因为没有经过训练的工人也可以教给机器人该怎么做。"

在柔性操作、机器学习和协同工作等问题上，我们还需要很长时间才能解决。不过，一旦这些问题得到了解决，工业界就必须重新考虑现在这种严格的工作分工了。目前，即使在自动化程度最高的部门，机器人所做的工作也是和人类所做的工作严格分开的。

🕐 越南胡志明市，2049 年

离开了荣的工位后，图艳穿过厂房，花了几秒的时间从侧面来观察整个生产的情况。她想有个整体概念，看看生产流程是否能顺利进行，会不会有的环节做得太慢或者太快，有没有可以消除的瓶颈。一切看起来都很好：每个人都知道该做什么，而且做得都很好，所有的工位都在需要的时候得到了需要的东西。她花了些时间欣赏从厂房天花板的架子上垂下来的那些长长的、弯曲的圆柱形机器人，看起来就像一根根大象鼻子。工人们会不断抓住它们，把它们拉到自己的工位上，在它们的鼻尖上轻轻拍打几下，给予指导，然后再看着它们或是卷起重型起重机，然后放到轮式机器人身上；或是用鼻尖巧妙地捏住一块块织物，放在生产台上；或是从管子中吹出空气，清理好产品等候送至下一个工位。一旦完成这些工作，这些大象鼻子似的机器人就会蜷缩回离地面几英尺高的地方，等待下一个工人在它们厚厚的、柔韧的皮肤上轻轻敲一下，请求它们的帮助。

🕐 意大利热那亚，现在

谁说操控能力离不开手和手指？尽管人类双手的能力令人印象深刻，尽管它们对人类的进化至关重要，但其他动物完全可以

根据不同的原则进化出同样出色的拾取、抓取和搬运东西的能力。在某些情况下，它们的策略可能比我们的更有效。所以，为什么不在我们机器人的工具箱中，添加更多的操控方法呢？意大利理工学院的露西亚·贝凯（Lucia Beccai）对大象用鼻子与世界互动的方式特别着迷。她和生物学家合作，模仿大象的鼻子制作了一款机器人。

"我认为机械手太复杂了，"贝凯说，"做得像人的肢体只是一方面；但如果我们需要一些机械手来帮助工厂里的工人，或者帮助患者坐到轮椅上、移动到床上，我们很难赋予机械手在这些情况下需要的变形能力、精密程度以及适应程度。"

而事实证明，大象的鼻子具有所有这些特性，而且看起来结构简单。大象可以用鼻子卷起重物（如原木），还能把重物举起来。下一刻，它们还能用鼻尖上延伸出来的类似手指的部分摘下一片叶子或一朵花，并送进嘴里。大象的鼻子——从生理上讲，是鼻子和上唇的结合体——也可以吮吸。它们通常用鼻子吸水，也经常通过吮吸的方式帮助鼻尖抓握物体，或者吸住小型的物体。当然，它也可以反方向工作，比如向四周喷水。"最有趣的地方是，它没有刚性支撑，"贝凯解释道，"它是被一层非常厚的皮肤包裹着的一束肌肉，动物用这样的器官将动作的适应性与力量有效地结合了起来。"

这两种能力的结合确实相当罕见。她说，这些让软体机器人专家非常着迷的东西，恰恰是传统机器人专家怀疑的东西。"我如何才能使用弹性的、柔软的材料，获得与刚性的机械臂相同的强度？"人们的疑问不无道理。她表示，"在软体机器人领域，这些问题很大程度上还是未知的。"

贝凯的团队获得了欧盟以及来自意大利、瑞士、以色列、英国的合作伙伴的资助；在这些资助下，她的团队正在揭开大象鼻子的工作机制，正在破译动物操纵鼻子达到不同目的的方式。"我们希望我们的机器人既要有足够的力量，也要有足够的精度和准确性。就像今天具有刚性关节和铰链的自主机器人一样，它们具有完美的精度和运动可预测性，在抓取和释放物体方面表现得非常出色。但在操作不同大小、重量和一致性不同的物体方面，它们并不是最佳的解决方案。因为在这种情况下，控制力度和力度的分布显得至关重要。"这就意味着，我们需要探索一种全新的机器人操控范式。"我们想要的不是一个连接在机械臂上的夹持器，不是用手指抓取，用机械臂提供力量；我们想要的是一个连续的结构，在负责精细操控、力度控制、抓取和释放的各个部件间并没有明确的区分。"

贝凯的团队仍在研究制造象鼻机器人的最佳技术，但有几件事是明确的。他们将模仿肌肉性静水骨骼（muscular hydrostat）的原理来制造人造肌肉。大象的鼻子、人类的舌头和章鱼的触手都使用了这种结构，它是另一种结合了力量和精细操控性的大自然的巅峰之作。意大利圣安娜高等学校的塞西莉亚·拉斯奇（Cecilia Laschi）对此做过广泛的研究，并将其用在首个模仿生物制造的软体机器人身上。[11] 肌肉性静水骨骼不需要骨架，肌肉组织本身既能产生动作，又能提供支持。这种结构由几根纵向和横向的肌肉纤维组成，它们包裹着不可压缩的液体，比如水。当肌肉放松时，整个结构会变得柔软、服帖。肌肉在一个方向上的收缩会导致在该方向上的弯曲。当所有的肌肉纤维收紧时，整个结构就会变得坚硬。

人们模仿这种结构，在一层厚实坚韧的皮肤中嵌入一束由柔性材料制成的人造肌肉。"市场上有很多可伸缩的机器人皮肤，它们很漂亮，但都非常脆弱。"贝凯解释道，"如果未来的机器人要在现实世界进行复杂的互动，那么就需要一些更坚固的东西。它们可以抵抗高温，可以承受液体和灰尘的冲刷。"

最大的挑战是在这层厚厚的皮肤内部添加传感器。"大象的皮肤既厚实又敏感，特别是大象鼻尖的内部。对于象鼻的特性，即使在生物学领域的研究也不够充分。"贝凯的团队将在象鼻机器人身上集成各种传感器，接收触觉信号和本体感觉信号，从而感知象鼻在空间中的位置和自身的变形，还能感知其他物体的纹理、形状和特征。其中一个技术问题是布线：传感器不能安装在象鼻表面，它们必须在一层厚厚的皮肤下工作，同时又能感知到皮肤表面受到的刺激。最终目标是建立一个依靠触觉和本体感觉而不是视觉来控制触摸、抓取和处理物体的系统。贝凯解释说："在研究大象的时候，我意识到它们更重视嗅觉和触觉，而不是视觉。"

另一个挑战和其他机器人系统要面临的挑战一样：如何赋予它们智能操控的能力。"我们在非洲某地研究大象的行为，观察它们在自然环境中与物体的互动。"贝凯说，"我们使用动作捕捉系统来解码它们抓取物体的策略。例如，我们想弄清楚大象是如何决定用鼻子卷住、还是用鼻尖抓住一个物体。就物体的大小和形状而言，大象用什么标准来决定具体的操作方式？"最后，他们会查看录像和动作捕捉数据，提炼出典型行为，把动物在处理相似物体时采取的触摸和抓取策略规范成标准，并将它们编码为机器人的控制策略。

贝凯知道，如果真有一种能模仿大象鼻子的机器人系统，它会有很多潜在的应用。"例如，我可以想象在制造业（例如在汽车制造行业）中，会有从天花板上垂下来的象鼻机器人。工人们会抓住它，把它拉长，用它举起重物或者帮助操作小的物体。我们不要忘了它还有一个内部的空腔，可以用来吹出空气，提供水或者生产过程中需要的其他液体。"

🕐 越南胡志明市，2049 年

在图艳的厂房里，负责接下来的生产工作的是芳。她是一名年轻的工程师，和荣对待机器助手的态度完全不同，她不爱说笑，只爱用几个字回答图艳的问题。她的眼睛几乎没有离开过机器人。它们正在对快要完成的产品进行收尾工作。这些产品将在几个小时内准备好发货。

但图艳并没有因为芳的不苟言笑而觉得反感。事实上，她在她身上看到了自己的影子——同样的干劲和对细节的关注；而且她认为，到了一定的时候，芳也会成为一名优秀的经理。图艳完全信任她，也正因如此，她让芳负责这一关键的工序。

在芳的注视下，最终产品正在成型。在一边，一组灵巧的机器人正在切割泡沫塑料，把它们切割成圆柱体、椭圆体、球体和其他不规则的形状。这些形状将构成产品的内部结构。其他机器人则仔细拿起缝制好的高科技织物——这是在上一个工序中荣的助手们缝制的——并把它们剪裁成各种大小和形状，包裹在这些泡沫塑料组成的结构上。

在观看这些操作的过程中，图艳想起了自己小时候喜欢的一种把戏——通过挤压、拉伸、捆绑充气的气球，把它们做成动物的模样。在这里也一样。这些皮肤和泡沫塑料被组装在一起，形成猫、狗、蛇和小鸟的模样。但真正的把戏并不是成品的样子，而是它们被包裹好皮肤之后发生的事。当芳在她的平板电脑上按下一个按钮时，这些玩具立刻动了起来。它们会行走、跳跃、爬行，有时还会在这个过程中改变形状。在几分钟内，这些简陋的、呆板的、无趣的泡沫塑料，就因为裹上了机器人皮肤，变成了机器宠物。

终于，新产品问世了。这种由人类和机器人共同生产的、新型的软体机器人伴侣将从胡志明市的这家工厂运往世界各地。它们将成为今年节假日的爆款礼物——至少从预订数量上来看是这样的。这是一款适合全家人的礼物。对于孩子们来说，它们既可以做玩具，又可以做宠物。它们既可以陪孩子们一起玩，又有足够的智力让他们远离麻烦。对于成年人来说，它们既是宠物，也是私人助手。它们既可以帮你把报纸拿到沙发边，又可以替你看管房子——只要把它们用无线网络连接到报警系统就可以了。对于老年人来说，它们既是一种消遣，又是健康哨兵，还可以作为与孙辈联系的一种方式。

能够如此轻松地生产出各种形状的动物——狗、猫、熊、考拉、鹦鹉、小恐龙——要归功于包裹着核心结构的机器人皮肤，它们能够根据所需的形状和功能变形。对于每一种新玩具，都不用改变生产流程。图艳只需要对机器人皮肤重新编程，就能将核心结构转变为新的玩具。这几乎就像用气球做出一个全新的动物那样简单。

而在图艳的计划中，玩具只是一个开始。利用同样的皮肤可以创造出一个全新的世界，里面的东西都可以自主运动——工具、灯、枕头、包等。在某种情况下，她希望她的公司能够将机器人皮肤作为单独的产品销售。因为懂技术的用户可以学会编程，将它们覆盖到家里任何柔软的物体上——这是一位美国研究人员在 21 世纪 10 年代末首次提出的愿景。

🕐 美国康涅狄格州纽黑文，现在

科学杂志的记者们都很清楚，有时很难让科学家们用简单的大白话描述他们的工作。但对于耶鲁大学机械工程和材料科学系的教授丽贝卡·克雷默–波提利奥（Rebecca Kramer-Bottiglio）来说，情况并非如此。在总结 2018 年她发表在《科学机器人学》杂志上的那篇文章的主要观点时，她说："我们可以把日常物品变成机器人。"[12]

克雷默–波提利奥的目标是制造多用途的机器人。机器人可以应用于不同的场景，但通常来讲，它们只能做在最初设计时希望它们做的事情。重新配置一个机器人去做其他的事情，是非常困难的，但在很多情况下又可能非常必要。"这个项目一开始是和美国国家航空航天局合作的。"她回忆道，"我们当时正在思考如何让机器人适应地外环境，因为我们不知道那里的真实情况。而且我们想知道，如何让机器人有足够的韧性，可以在这样的环境中生存？"

将多个可以执行多任务的机器人送入太空的成本非常高。因此，研究人员希望创造一种技术，可以应用在任何可用的物体上，把它们变成机器人。他们提出的方案是制造一种柔性皮肤，它在两片织物之间夹有执行器和传感器。为了产生运动，他们尝试了两种不同类型的执行器：一种是气动的，通过向充气腔中注入空气来产生运动（类似布洛克在他的柔性机械手上采用的技术）；另一种使用了形状记忆合金，这种材料在电流通过时会发生可以预测的变形。在这两种情况下，执行器都与压力传感器一一配对。压力传感器可以测量皮肤的变形程度，从而实现闭环控制，传感器的信号可用来调节执行器的动作。人们把这些皮肤包裹在柔软的泡沫塑料圆柱体上，做成了一只爬行的尺蠖、两条腿和三根紧握的手指。由于传感器只测量皮肤的变形，所以控制系统的工作与它包裹的材料无关。

克雷默–波提利奥的团队随后升级了他们的研究，可变形物体从泡沫塑料变成了可塑材料。[13] 这一回，皮肤不仅是弯曲或挤压一个永远保持圆柱形状的圆柱体；这些皮肤被包裹在一个用儿童橡皮泥制成的球上。皮肤通过弯曲和挤压，将这个球变成圆柱体，再变成钟形。"机器人皮肤就像附着在可塑材料上的雕刻家，"她解释说，"通过在可塑材料的表面上施加拉力和压力，它可以将这种材料塑造成完全不同的形状。"她说，这种设计背后的理念就是制造一个形状可变的机器人，"面对不断变化的任务和环境，不仅能改变它们的动作，还能改变它们的整体形状"。一开始，机器人可能是一个球，可以快速滚动到目的地；接着，它会变成一个圆柱体，采用蠕虫的运动方式穿过一个洞；然后，在碰到一个无法绕过的岩石时，它还会再次改变形状。

克雷默–波提利奥面临的挑战在于提高机器人皮肤的灵活性和认知能力。她解释说："目前我们包裹的物体仅限于径向对称的形状，比如球体、圆柱体、铃铛。因为我们要用机器人皮肤完全包裹住物体，才能施加足够的力。"未来，他们希望使用新的执行器来取代气动执行器。这种执行器可以在更小的尺寸下提供更大的力，同时还能适应不同的形状、包裹不同形状的柔性物体。至于机器人的认知能力，"我们希望未来的机器人皮肤非常有韧性，但柔性传感器和电子元件往往非常脆弱，因此还不能满足要求"。她的团队正在开发可以嵌入皮肤的、柔性的、可拉伸的传感器和电子元件。

机器人皮肤的应用场景非常多，远远不只是太空。克雷默–波提利奥指出："地球上也有很多不可预测的环境——搜索和救援任务就是一个典型的例子。一个可以改变形状和移动模式的机器人可以在废墟中爬行，寻找幸存者。"这一概念同样可以用于穿戴式机器人。例如，她的团队展示了一种类似衬衫的设备，可以用来纠正不良的身体姿势。他们将皮肤上的执行器以三角形方式

排列，这种配置使它们能够适应不同的身体曲率。[14] 克雷默–波提利奥说，有玩具公司找过她："他们认为这有可能成为一种乐高类型的玩具。人们可以购买一套机器人皮肤，把它们包裹在家里任何柔软的物体上，然后快速地设计机器人。"

在他们的一份出版物中，克雷默–波提利奥和她的团队公布了一段演示视频。他们用机器人皮肤包裹住一匹毛绒玩具马的四条腿。[15] 他们的这种选择并非巧合。在未来的制造业中，正如我们在这章中想象的那样，这种机器人皮肤可能是最终产品的一部分，或者是制造过程中的一部分。例如，利用机器人皮肤可以快速配置和重塑一个夹持器。可以根据不同的目的，把多个柔性手指或象鼻状元件组合在一起，按照不同的配置包裹在机器人皮肤中。这样可以把三个手指的夹持器变为五个手指的，或者增加一个额外的拇指，或者把模仿手的夹持器和模仿象鼻的夹持器结合起来使用。

至于消费者，他们使用机器人皮肤的场景远不止玩具和机器人宠物。你可以想象人们购买（或者自己 3D 打印）各种形状的柔性内部结构，以及各种形状的机器人皮肤——三角形的、矩形的，大的、小的。他们在手机上下载应用程序，帮助他们组装和配置机器人。同样的组件可以今天变成重物抬升系统，帮助你把东西从地下室搬上来，然后在第二天重新组装，变成健身器材或按摩椅。在实现"家家都有机器人"这个愿景的时候，克雷默–波提利奥的方法可能是最有希望的途径之一。只不过人们不是真的买一个机器人，而是把家里已经有的东西变成机器人。

🕐 越南胡志明市，2049 年

　　这真是漫长的一天。当图艳拿起最后一批玩具——一匹马、一只鹦鹉和两只章鱼——放在一个纸板箱里，并用胶带封好时，大多数工位已经静悄悄地空无一人了。一个机器人一整天都在做这一琐碎的操作，但到了最后一箱，她把机器人推开，自己来做。

　　除了一些小故障外，这一天的进展很成功。当天的生产指标已经超额完成。所有的产品在出厂前都经过了标准的功能测试，只有不到 1% 的产品是废品。第二天的任务同样艰巨，因为生产指标会更高。但就目前而言，图艳可以走出厂房，发动车子，回家放松一下。和早上上班不同，她无法避开胡志明市下班晚高峰的交通拥堵，但她至少有了个同伴：这是芳的工位上第一只完成的成品小熊。她决定把它留给自己。现在，小熊就坐在她旁边的副驾驶座位上，伸展着双腿。

7

第七章

机器人科学的第一个诺贝尔奖

🕐 瑞典斯德哥尔摩，2052 年 12 月 8 日

　　这是今年诺贝尔生理学或医学奖获得者瓦莱丽·帕凯（Valérie Paquet）教授在斯德哥尔摩大学麦格纳学院发表的获奖感言中的一段话。帕凯教授的获奖理由是"开发出能让瘫痪患者重新行走的仿生学假肢和外骨骼"。

尊敬的国王陛下，各位获奖者，尊敬的同事们，还有在座的和线上的各位观众们：

　　晚上好！我很荣幸能站在这里，与其他诺贝尔奖获得者同台。你们所有人的工作都让我由衷地钦佩：令人惊叹的计算化学合成了新的催化剂，在燃料电池中获得广泛应用，彻底改变了能源市场，完全配得上化学奖；对加密货币在金融危机中的作用的研究，获得了经济学奖的认可；当然还有物理学奖获得者，你们发现了暗物质的本质。我想说的是，我一直是个业余的宇宙学爱好者，能和最终解决暗物质谜题的人站在同一个领奖台上，感觉真是太棒了。这个谜题摆在我们面前这么久，最终解开的答案与我小时候听到的思路不大相同（笑声），但还是要谢谢你们。

　　我听说，这是机器人科学获得的第一个诺贝尔奖，私人公司开展的研究工作获得诺贝尔奖，这也是第一次。至于这家公司，是我攻读博士学位的一个副产品。事实上，直到几十年前，人们

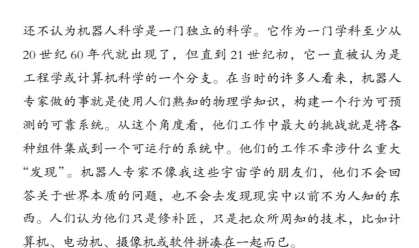

还不认为机器人科学是一门独立的科学。它作为一门学科至少从20世纪60年代就出现了，但直到21世纪初，它一直被认为是工程学或计算机科学的一个分支。在当时的许多人看来，机器人专家做的事就是使用人们熟知的物理学知识，构建一个行为可预测的可靠系统。从这个角度看，他们工作中最大的挑战就是将各种组件集成到一个可运行的系统中。他们的工作不牵涉什么重大"发现"。机器人专家不像我这些宇宙学的朋友们，他们不会回答关于世界本质的问题，也不会去发现现实中以前不为人知的东西。人们认为他们只是修补匠，只是把众所周知的技术，比如计算机、电动机、摄像机或软件拼凑在一起而已。

今天，我没有时间来深入探讨机器人科学的历史；总体而言，上述这种情况在20世纪末到21世纪初开始发生变化。当时的机器人专家开始考虑工业领域以外的应用，开始构想类似生命的——或者用他们喜欢说的词——仿生学机器人。他们不再满足制造出的机器人只能重复执行预先设定的动作，他们开始探索能够感知外部世界的、可以像生物体一样从经验和模仿中学习的机器人。从那一刻起，他们就意识到，必须解决生物体如何工作这个基本问题，尤其是生物的身体和神经系统是如何缠绕在一起的，而生物学和神经科学都没有给出答案。机器人成为研究生命系统并获取新知识的动力和工具。而如何将这些新知识转化为新的工程学原理，本身就是一门新科学。

在机器人的所有分支中，这种转变都非常明显，当然也包括必须与人体共同工作、在某种程度上成为人体一部分的机器人。这就是我今天要讲给你们的故事。我要讲的主要是这个领域的先驱者们做的工作，而不是我自己的工作。正是这些先驱者们的工作让我今天能站在这里。顺便说一句，遗憾的是，诺贝尔奖仍然没有改变规则，一个奖项不能有三个人以上分享，不然他们中的很多人今天都可以站在这里。

在场的基督徒会知道，在那些被归于耶稣或圣徒的神迹中，常常包括让瘫痪的人重新行走。事实上，让人在脊髓损伤后恢复运动一直是再生医学（regenerative medicine）的梦想。根据世界卫生组织的数据，全世界每年有超过 50 万人忍受着脊髓受损带来的痛苦。脊髓受损严重影响了他们直立、行走、抓握、进行大多数日常活动和性生活的能力——换句话说，过正常生活的能力。由于预期寿命的增加——这本来是一件非常好的事——神经退行性疾病和脑血管意外的发病率在过去的 30 年里急剧上升，也经常使患者丧失手臂、双手或双腿的功能。

医学总是求助于技术设备来帮助这样的患者，拐杖和轮椅就是最明显的例子。在 21 世纪 10 年代早期，三大科学发展开始融合，带来了今天的机器人康复技术。首先，神经科学的研究表明，与 20 世纪的普遍观点相反，修复神经元连接或者让神经元在损伤后自愈是有可能的。虽然比较困难且见效慢，但在原则上是可能的。人们进一步还发现了如何读取神经信号，并用周围神经系统能够理解的信号刺激神经元。其次，计算机专家在创建人类双足行走的计算机模型方面取得了重大进展，这个问题几十年来一直困扰着人形机器人的设计者们。最后，材料科学和软体机器人技术的进步带来了一系列的执行器和传感器，它们可以集成在可穿戴的康复设备中，这些康复设备看起来和穿起来都像衣服

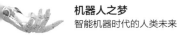
一样。

　　是时候把神经科学、计算机科学和机器人技术结合到一起了：传感器、电极和脑机接口（brain-computer interface，BCI）可以利用瘫痪患者的神经系统和肌肉中的残余信号，在机器学习的帮助下，把它们变成大脑和新一代软体机器人假肢之间的通信语言。这种方法可以根据患者的康复程度进行调整，让患者在舒适的家中一边接受康复治疗，一边等待新受到刺激的神经元连接逐渐愈合。

　　我今天之所以能够站在这里接受这个奖，得益于这些技术的融合。它们推动可穿戴技术取得了飞速发展，出现了一系列柔软和轻便的外骨骼、神经植入物和脑机接口。在它们的帮助下，成千上万的患者——从部分残障到完全瘫痪的患者——至少恢复了他们的部分身体功能。在最好的情况下，他们几乎可以正常行走。还有很多人，至少可以借助拐杖行走，或者骑着特殊的自行车四处移动。他们不再需要轮椅。而在几十年前，这是他们唯一的选择。

　　我希望借此机会感谢几位先驱者，他们在 21 世纪头几十年所做的开创性工作，使我今天能有机会站在这里。

　　我想到的第一个名字是康纳·沃尔什（Conor Walsh），他是一位才华横溢的爱尔兰机器人专家，多年来一直是哈佛大学约翰·保尔森工程与应用科学学院（John A. Paulson Harvard School of Engineering and Applied Sciences）的约翰·L. 勒布工程与应用科学副教授，他也是威斯仿生工程研究所（Wyss Institute for Biologically Inspired Engineering）的核心成员。

康纳引领了由刚性外骨骼到柔性外骨骼的转变。当时，外骨骼以及仿生机械臂、机械手和机械腿已经出现几十年了。到 21 世纪 10 年代中期，市场上有几十种医用外骨骼。有下肢的、上肢的；有固定的、移动的；有帮助患者康复的、帮助他们增强身体功能的——换句话说，让那些没有希望恢复身体功能的人更容易完成日常活动。但这些设备大多很重，在没有医学监督的情况下很难使用，而且价格昂贵。

自 20 世纪下半叶以来，工业机器人为机器人产业创造了大量的财富。早期外骨骼中的电机、传感器和机械部件使用的技术主要来自为工业环境开发的那些技术。当哈佛大学的一组研究人员——包括罗伯特·伍德、乔治·怀特塞兹（George Whitesides）和吉恩·戈德菲尔德（Gene Goldfield）——在 21 世纪 10 年代初开始研究软体机器人时，沃尔什发现了机会，他认为可以将机器人技术中的这一新分支用于外骨骼的设计当中——或者用一个更准确的词，用于外骨骼机器护甲（exosuit）的设计当中，使用轻质织物代替传统外骨骼中的刚性元件。在大西洋的另一边，瑞士苏黎世联邦理工学院的德国生物机电专家罗伯特·里纳（Robert Riener）很快成为沃尔什的同路人。他们两个人经常合作，同时也各自开发自己版本的外骨骼机器护甲，用于患者的康复和协助他们完成日常活动。我没有时间更详细地介绍他们的工作，但我鼓励你们去阅读他们的论文。

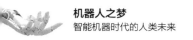

🕐 美国马萨诸塞州波士顿和瑞士苏黎世，现在

    这个想象中的 21 世纪 50 年代的诺贝尔奖获得者，可能确实没有时间去深入研究 21 世纪 20 年代早期在可穿戴机器人、机器人假肢和康复机器人领域正在发生的故事细节。但我们确实想仔细看看康纳·沃尔什和罗伯特·里纳所做的工作。他们在轻型外骨骼领域——或者用更好的说法是外骨骼机器护甲领域——已经做过多年的研究。这些外骨骼机器护甲旨在帮助使用者站立、行走、爬楼梯和奔跑。

    沃尔什在爱尔兰出生并长大。他曾在采访中表示，他是 2007 年在《科学美国人》杂志上读到一篇关于美国国防部高级研究计划局（DARPA）开发的早期外骨骼的文章后，对可穿戴机器人产生兴趣的。[1] 事实上，机器人外骨骼的概念是在军事领域首先提出的，初衷是利用这种设备帮助士兵负重长途行走。但在原则上，它的核心技术也可以用于医疗领域，帮助部分或全部失去行走能力的人；或者用在工作场所，帮助必须搬运货物或长时间站立的工人。沃尔什的工作确实涵盖了所有这三个领域：军事领域、工作场所和医疗领域。

    沃尔什从都柏林的国王学院（King's College）毕业后，发现爱尔兰研究外骨骼的地方并不多，于是他申请去美国研究。他申请了很多地方，最终在麻省理工学院落脚。在这里，他结识了休·赫尔（Hugh Herr）。赫尔多年来担任麻省理工学院媒体实验室的仿生机械学研究小组的主任，他在这个领域几乎是个英雄人物。他成为康纳的第一位导师。赫尔在 18 岁时的一次登山中发生了意外，导致双腿从膝盖以下截肢，从此放弃了成为职业登山家的梦想。不过，他很快又恢复了登山运动，并且开始了工程领域的学术生涯，专门为和他有同样问题的人制作更好的假肢。他曾两次入选《时代》（*Time*）杂志评选的年度十大发明——第一次是在 2004 年，他发明了一个电脑控制的人工膝盖，可以感知关节的位置和施加在它上面的负荷；第二次是在 2007 年，他发明了一种踝足假肢（ankle–foot prosthesis），第一次让截肢患者拥有了自然的步态。2004 年，赫尔对外骨骼产生了兴趣；他组建了一个研究小组，并聘请了沃尔什。

几年后，在接受机器人学术网站 RoboHub 的采访时，康纳回忆起这个团队独特的跨学科氛围。在那里，艺术家和音乐家与工程师们并肩工作。正是在这种氛围下，沃尔什和其他人开始思考新一代柔性的、可穿戴的机器人设备，它可以克服现有机械的一些限制。

正如我们虚构的那位诺贝尔奖获得者在她 2052 年的演讲中回忆的那样，在 21 世纪 20 年代，已经出现了很多的外骨骼。它们处于不同的发展阶段，有些已经进入了商业市场。2016 年，总部位于加利福尼亚州的爱科索仿生学公司（Ekso Bionics）研发的 Ekso GT 康复型外骨骼获得了美国食品和药物管理局（Food and Drug Administration）的许可，可以用于中风和脊髓损伤患者的康复治疗。其他一些公司也出售类似的产品，重量从 20 千克（这是 Ekso GT 的重量）到 40 千克不等，售价数万美元。这样的重量意味着我们不可能随身携带这些设备来协助我们完成日常活

动，同时，价格也是一个限制因素。正如《科学美国人》在 2017
年说的那样："制造它们的公司通常靠一笔又一笔的拨款过活……
希望能零零星星地卖出一两套康复型外骨骼。"²

　　美国国防部高级研究计划局一直在为这一领域提供研究资金。
其实一些大型国防承包商已经开发出了一些设备；但目前尚无一
种设备投入实战。与此同时，一些生产康复型外骨骼的公司正在
将他们的技术应用于工作场合，比如 EksoVest。这是一种被动式装
备，旨在为装配线上的工人提供手臂和躯干的支撑；这些工人需
要在头顶完成一些工作，比如站在车底旋紧螺栓。2018 年，福特
汽车厂为工人们配备了 75 件这样的背心。另一个例子是由 Seismic
公司商业化的"动力服装"（powered clothing）系列。这家公司是
从斯坦福研究院（SRI International）在美国国防部高级研究计划
局的资助下进行的一项研究中分拆出来的。Seismic 公司采用的技
术最初是用来为士兵提供额外的耐力和力量的。它的"动力服装"
系列是一种轻型套装，穿在衣服外面，从背部下方为人提供额外
的力量和支撑。在旧金山，首个 Ekso 康复型外骨骼的发明者之一
蒂姆·斯威夫特（Tim Swift）成立了一家名为 Roam Robotics 的初
创公司，开发了一套由膝盖矫形器和背包组成的系统，可以帮助
人们缓解膝盖疼痛，减轻疲劳，甚至改善滑雪技巧。

　　沃尔什正在努力推动这些技术的发展。他的首要目标是轻便：
他的设备重量为 4~5 千克。如此轻的设备如何将足够大的力量传
递给用户呢？沃尔什的外骨骼机器护甲有一个可穿戴的部分，它
其实是一组弹性绷带，可以套在患者的腰、大腿和小腿上。他们
将一组线缆连接到这些绷带上的固定点上。放在背包或腰部的电

动机可以拉动或释放这些线缆，减少或增加绷带上两个连接点之间的距离——这与肌肉收缩时发生的情况没有太大区别。肌肉收缩时就会变短，围绕关节将骨骼拉向想要的方向。

　　弹性绷带、线缆和皮带轮看起来可能不像是最精密的机械，但他在外骨骼机器护甲上还安装了传感器——特别是惯性测量单元（IMU），可以检测身体在空间中的位置；还有力传感器，可以测量躯干和患者自身肌肉施放出来的力。这些传感器的目的是检测人体的运动意图，并使外骨骼机器护甲中的线缆产生相应的运动。与以前沉重的外骨骼不同，保持身体稳定的工作主要交给了患者的骨骼，其实本来就该如此。但是外骨骼机器护甲可以为你提供力量，使你在任何时候都可以将关节移动到需要的位置上。

　　沃尔什在 2014 年前后开始发展这一概念，并在整个 21 世纪 10 年代后期完善了这一概念，将它同时用于医疗和非医疗领域当中。"当然，在这两种不同的场合，你对设备的控制是不同的。"他解释道，"在增强健康人的能力方面，控制外骨骼机器护甲与用户的自主运动同步，这一点非常重要。如果有人穿着它去徒步，会希望得到协助，但不希望改变自己的步态。同样，当你使用外骨骼机器护甲降低受伤的风险时，也是如此。如果有人一直搬箱子，那么很可能会伤到背部。你可以让他穿上外骨骼机器护甲。同样，我们也不希望这个人在工作时感到有什么不一样。"对于那些因为受伤自然步态已经改变的人来说，他们的情况也会得到改善："患者的步态通常都存在各种缺陷，你可以鼓励他们尝试以稍微不同的方式走路，例如以更对称的方式走路，这样他们就不会那么疲劳，可以更有效地达到训练效果。"

　　在对健康的志愿者进行的一系列试验中，沃尔什证明，他的外骨骼机器护甲可以降低走路时的能量消耗。例如，在 2018 年的一项实验中，他让两名志愿者在同一条乡间道路上行走两次，第一次打开外骨骼机器护甲上的执行器，第二次关闭。[3] 他使用间接热量测量法，用一个传感器测量志愿者呼吸中氧气和二氧化碳的浓度，间接计算出这个人消耗了多少能量。结果令人振奋，其中一名志愿者的能量消耗减少了 7%，另一名志愿者的能量消耗减少了 17%。

　　为什么会有差异？因为没有两个人走路的步态是一样的。同一年，他的团队发明出一种算法，可以快速调整外骨骼机器护甲的控制系统，更加适应每个人独特的走路方式，以确保线缆施加的力大小合适，并获得最佳的能量效率。为了让更多的患者使用外骨骼机器护甲，个性化是一个重要的方面。虽然服装行业的个性化意味着生产不同尺码的服装，但未来的外骨骼机器护甲还需要人工智能的参与。它需要根据不同的体型、环境和动作，将穿着者的运动和身体信号转换为合适的支撑力量。

　　"我们的想法是，当你穿着这个设备走路时，它会监测你的移动和身体的行为。"沃尔什解释说，"它可以监测你的运动方式，你的肌肉力量，你消耗了多少能量。然后，某种控制策略会尝试优化一些控制参数，以帮助最小化或最大化其中的一些目标。"就像自动翻译会随着使用者越来越多而变得越来越精确一样，机器学习算法获得的数据和示例越多，就会越强大。沃尔什希望，随着越来越多的用户穿上外骨骼机器护甲，它的控制算法会变得越来越高效。他继续说："这个系统可以监测人们穿上外骨骼机器护甲后的运动方式，从大量的用户那里建立起一个大型数据库，然后根据患者不同的损伤程度，选择最佳的方式来帮助他们。"在减少对内置传感器的需求方面，机器学习也可以发挥重要作用。沃尔什指出："用可穿戴设备中的传感器来测量一个人的运动或者对设备的反应，是非常困难的。通常要在实验室的环境下才能做到。你需要有测量氧气消耗量的面罩或用于动作捕捉的摄像机。未来，我们希望采用机器学习的方法，预先收集人体在实际移动时的大量数据。最终，我们力求在人体上使用最小数量的传感器，然后将这些数据与在线的大型数据库相结合，估算出其他参数。"

你可能已经注意到了，我们到目前为止只提到了步行。这是人类使用双腿最常见的方式，但并不是唯一的方式。我们也可以跑步，这是一种完全不同的运动方式；它不仅更快，而且在超过一定的速度以后，能量利用率会更高。

制造外骨骼协助人类跑步的尝试经常以失败告终，以至于在实验中人们发现，使用带执行器的外骨骼跑步比不使用外骨骼跑步要消耗更多的能量。跑步时携带这些设备的重量，抵消了执行器能够提供的帮助。在 2019 年发表在《科学》杂志上的一项引人注目的研究中，沃尔什展示了一套外骨骼机器护甲如何在步行和跑步这两种截然不同的运动之间自由切换。它可以同时降低这两种情况下的能量消耗。[4]这套护甲只在臀部给予支撑，但配备了一套算法，可以使用传感器数据来了解用户是在走路还是在准备加速跑步，然后相应地切换执行器的模式。外骨骼降低了的能量消耗，相当于在步行时减轻了 7.4 千克的体重，在跑步时减轻

了 5.7 千克的体重。

最近，沃尔什又推出了一款轻质的柔性外骨骼机器护甲，它与一些刚性组件集合在一起，可以为中风或脑瘫患者提供帮助，帮助他们恢复膝关节的伸展功能。但除此之外，不对穿戴者做其他任何干预。[5]六个受试者穿上它在跑步机上测试了上坡和下坡走路，证明这套护甲可以减少在走路时膝关节伸展肌群要做的工作。

沃尔什设想，未来一些可穿戴设备除了可以帮助患者和特定职业的工人外，还可以成为面向消费者的产品："我认为无人机行业发生的事情也会在可穿戴机器人的领域里发生。无人机一开始是昂贵的高端系统，但后来成本下降得很快。可穿戴机器人更复杂，因为它要与人体互动，但核心技术并没有太大不同。对于一些简单的系统，比如绑在脚踝上或背在后背上的设备，我们已经差不多可以像购买其他工具那样，购买并使用它们了。但这还需要它们在性能上有一个飞跃。这种飞跃不会仅仅来自一个技术领域，传感器、执行器、可穿戴服装、控制系统都必须取得进展。"

沃尔什的外骨骼机器护甲在医疗和非医疗领域里都有应用，但与沃尔什经常合作的罗伯特·里纳则更专注于医疗领域。他希望制造出能够帮助残疾人或者老年人完成日常活动的外骨骼机器护甲。使用者会成天穿戴这种护甲，所以它的执行器不仅需要支撑人体的重量，还需要能够帮助腿部向前移动。在这种情况下，向上的力量甚至比向前的力量（这是沃尔什工作的重点）更重要，帮助膝盖比帮助脚踝更重要。里纳的外骨骼机器护甲Myosuit 更多地参照了生物体的结构，它的三层结构直接模仿了构成人类行走机制的骨骼、韧带和肌肉。第一层是"骨骼"，也就是真正穿在身上的部分。它类似于一条带有腰带的裤子，为执行器和传感器提供支撑，并在大腿上有一处像紧身衣一样的坚硬部分，能提供额外的稳定性。第二层是"韧带"，它是一组橡皮筋，连接腰带和大腿、大腿和小腿。第三层是"肌肉"，由电动机、皮带轮和线缆组成。与沃尔什的外骨骼机器护甲类似，在这套护甲上，也有一组传感器持续测量关节的角度、腰带在空间中的位置以及施加在人造肌腱上的张力。控制单元利用这些数据计算出每时每刻需要多少执行力来抵消一条完整腿部模型的重力，然后相应地驱动电机。通过这种方式，这套护甲可以帮助使用者坐下或者从椅子上站起来、爬楼梯，更重要的是，患者也可以使用它来提高康复训练的质量。最近，里纳开始与瑞士的其他研究人员合作，将他的外骨骼机器护甲与其他康复技术结合起来，直接针对患者无法行走的问题根源——脊髓中的神经元。

🕐 瑞典斯德哥尔摩，2052 年

在接下来的几十年里，由沃尔什和里纳开创的这项工作继续发展。参与者有他们自己，也有其他的研究人员，以及迅速加入进来的私营公司。由于柔性材料和元件小型化技术的进步，他们生产出了更轻便、更强大的外骨骼机器护甲。他们还开发出了适用于上半身的类似系统。随着用户数据越来越多，研究人员可以在他们的系统上训练机器学习算法，大幅改善对外骨骼机器护甲的控制。现在，只需几个小时的校准，就可以轻松地为每个用户定制个性化方案。它们甚至可以从用户的身体姿态和关节移动中发现最细微的线索，知道用户要移动的方向、速度以及需要协助的程度有多大。那些工作时需要整天站着、走路或者爬楼梯的人，比如理发师、护士、保安、搬家工人等，经常能从这些护甲中获得不小的帮助。

起初，用于患者康复的设备和用于日常生活协助的设备是一样的。但随着市场的扩大，以及科学家们对医疗领域和日常领域中对外骨骼机器护甲的不同控制策略有了更好的理解，这两个领域就分开了。产量的提升以及竞争的增加，带来了规模经济，降低了外骨骼机器护甲的价格，便宜到甚至年轻的健康人群也开始购买和使用它们。

然而，将机器人技术应用于这一领域的最终目的始终是帮助患者，哪怕是受伤最严重的患者。这些患者不仅失去了肌肉的力量，而且神经系统也无法发出必要的信号，无法控制运动——无论是自主运动还是非自主运动。比如，不能前倾身体或者弯曲膝盖表示他们想要走路、坐下以及站立的患者；腰部以下甚至颈部以下瘫痪的患者；在意外中失去四肢的患者。

21世纪最初的几十年里，研究人员们播下了第一批种子，它们结出了果实。布朗大学（Brown University）的约翰·多诺霍（John Donoghue）等研究人员在脑机接口方面的开创性工作，可以帮助瘫痪患者控制机器人假肢。还有的研究者，比如何塞·米兰（José Millan），学会了如何将脑机接口与电刺激结合起来，可以促进患者的康复；如果没有这种办法，这些人将无法控制手臂上的外骨骼。还有西尔维斯特·米切拉（Silvestro Micera）等人，将仿生学机械手的感觉信号连接到人体的周围神经系统，使人类再次对物体有了触觉，对机械手的控制更加自然。从事机器人研究的很多人都来自其他领域：有些人不是工程师，而是神经科学家或临床神经医学家。他们把机器人当作工具，可以帮助神经系统进行重组、再生和再次接受训练。

当时的动物研究表明，促进受损的脊髓神经元在一定程度上再生是有可能的。人们尝试了各种办法，包括生物学的办法——药物、细胞移植、植入生物材料，以及科技方面的办法——脑深部电刺激、直接电刺激脊髓神经元、磁刺激、脑机接口与机器人假肢的结合。

有一件事很清楚，即使在那些先驱所处的时代，也没有什么灵丹妙药。要解决神经元恢复的问题（如果能解决的话）需要在不同的技术中仔细权衡，精心组合，才能找到。

21世纪10年代到20年代，格雷瓜尔·库尔蒂纳（Grégoire Courtine）的工作非常重要。他是瑞士的一位物理学家，后来成为神经科学家。他的工作表明，他的研究代表的方向确实是治疗脊髓损伤的正确方向。库尔蒂纳从动物实验开始，一直过渡到人体的临床研究。他放弃了原来那种持续不断的、大范围的电刺激，首次使用了一连串的电信号，在精确的时间，刺激脊髓上的精确位置。他在实验中使用了一个机器人系统来配合他的工作，在不干扰患者腿部控制的情况下，帮助患者对抗重力。2018年，他在《自然》杂志上发表了一项令人难忘的研究成果。库尔蒂纳的团队使用这种方法，让三名瘫痪多年的截瘫患者重新获得了对腿部肌肉的自主控制。[6]库尔蒂纳的团队对健康的受试者们进行了大量艰苦的研究，研究脊髓神经元如何与腿部的肌肉配合，以及它们如何将信号从大脑传递到四肢。然后，他们在三名患者的脊髓旁植入了一个电刺激器，用它来传递短时电脉冲，模仿通常来自大脑的控制行走的电信号。三名患者因此走上了康复之路。借助悬挂在天花板上的机器人对抗重力，他们很快学会了如何使自己的步伐与电刺激的频率同步，并在支撑物的帮助下行走。在脊髓电刺激和重力辅助机器人的帮助下，经过几个月的训练，这三个人都恢复了一些对腿部自主运动的控制，不再需要进一步的电刺激了。两名患者可以在支撑器的帮助下，从坐着变成站立，然后独立行走，并且可以完全伸直之前瘫痪的双腿来平衡重力；还有一名患者甚至可以在没有任何辅助设备的情况下走几步。

这只是一个对概念的验证，但它是一个突破，也是一个范式的转变。从神经科学的技术角度来讲，它表明定点刺激脊髓是正确的方向。而对于康复机器人来说，这些研究表明，它可以创造条件，重新激活神经和肌肉，而不是完全取代它们。

🕐 瑞士日内瓦，现在

格雷瓜尔·库尔蒂纳兴趣广泛，他花了一段时间才决定把精力集中在什么地方。他从小就对科学和技术充满热情，把自己的房间变成了一个小型物理实验室，还会花几个小时在电脑上编写自己的电脑游戏。他从五岁起就开始弹钢琴，至今仍是狂热的古典音乐爱好者和歌剧迷。他从事过许多运动，包括攀岩。在上大学选择专业时，他选择了物理学，梦想成为一名天体物理学家。直到一次偶然的机会，一位教授劝他在获得物理学学位后继续攻读神经科学的硕士学位，他才对神经科学产生了兴趣。他开始研究神经系统如何控制运动，以及在失去控制后，如何恢复这种控制。但现在回想起来，一切都是最好的安排。事实证明，他的所有兴趣在他的职业生涯中都派上了用场。弹钢琴就是一个很好的例子，说明重复训练同一个动作可以影响大脑回路对动作的控制。攀岩是人体物理学和重力之间相互作用的极好例子，也是神经在二者互相作用时如何控制运动的极好例子。至于物理学，绝对没有白学。物理学为他提供了一个实用的工具箱，可以用在他对神经系统的研究中。"物理学让你对数据和复杂的过程非常了解，"库尔蒂纳解释道，"它几乎为各种类型的科学研究做好了准备，特别是当你想了解复杂系统时更是如此。因为说到底，中枢神经系统和其他系统一样，也是一个复杂系统。"

在获得了神经科学硕士学位后，库尔蒂纳放弃了研究恒星和星系的计划，先后在意大利帕维亚大学（University of Pavia）和法国国立卫生与医学研究所（INSERM）下属的塑性运动研究所（Plasticity-Motricity）获得了实验医学的博士学位。21世纪初，他成为加州大学洛杉矶分校大脑研究所（Brain Research Institute）的一名研究员。2008年，他前往瑞士，自2012年以来一直是洛桑联邦理工学院的教授。他在洛桑大学医院与神经外科医生乔斯琳·布洛赫（Jocelyne Bloch）合作，在脊髓损伤的实验性治疗方面取得了一些令人瞩目的成果，其中包括 2018 年对三名截瘫患者的实验研究。这一研究在世界各地成为头条新闻。

虽然库尔蒂纳的工作也属于康复机器人领域，但机器人对他来说只是达到目的的手段。"我工作的关键是神经系统的依赖活动的可塑性（activity–dependent plasticity）。我们希望在康复过程中针对神经系统，促进它的重建和最大限度的恢复。"他澄清道，"而做到这一点的方法就是把生态学和机器人假肢结合起来。你想创造一个最接近自然环境的条件，但康复的时候往往做不到。机器人系统可以帮助患者克服重力，在这方面接近自然状态，让患者感觉他真的是在走路，正在做着他在现实生活中会做的动作。这是促进神经系统恢复的关键。"

换句话说，机器人和算法是他的工具，用来帮助神经元的恢复。在中风或脊髓损伤后，运动神经元和肌肉之间的通信线路如果不是完全中断的话，通常也会受到抑制。一些神经回路可以在病变中生存下来，所以以大多数患者仍然可以活动。然而，正如一支足球队在关键球员被罚下场后不得不改变阵形一样，这些回路也必须重组。我们的神经信号沿着数以千计的神经肌肉连接来回传递。在生命的最初几年里，我们的神经系统要对这些复杂的交互信号进行精细的调整，不断平衡我们的身体来对抗重力——简而言之就是，学会走路。如果它要用这些连接中的一个子集来完成同样的事情，就必须做出一个新的安排。脊髓损伤的患者，的的确确要重新学习走路。截至 2022 年的情况是，患者在做这些康复训练时，一般会在跑步机上走路，同时把手放在栏杆上来支撑自己，或者使用支撑物，或者在腿上安装刚性支架来帮助他们站立。但在所有这些情况中，患者的身体和重力之间的互动与自然状态下的互动（即神经系统在受伤前学会并掌握的互动）非常不同。

使用机器人技术可以重建身体与重力在自然状态下的互动，使康复训练变得更容易、更有效，也更类似于现实生活中的行走。然而，当库尔蒂纳开始在他的工作中使用机器人时，他对于常见的、帮助截瘫患者的外骨骼并不满意。"它们的工作其实是在否定神经系统控制运动的那套机制，"他哀叹道，"脊髓是一个非常智能的信息处理接口。虽然不如大脑那么智能，但仍然很智能；它可以做出很多决定。而它是根据感觉信息做出这些决定的。"库尔蒂纳指出，对于脊髓来说，脚就像一个观察世界的视网膜。本体感觉告诉系统你的四肢在空间中的位置。脊髓整合这些信息，知道我们在哪里，周围有什么限制，下一步该去哪里。如果一个机器人系统不尊重这些感觉信息，它就会向脊髓发出错误的信号，脊髓就会以为哪里出了问题。"当机器人在患者的摆腿阶段（脚在不接触地面的情况下摆动到下一个落脚点）将脚往上推，就好像告诉脊髓，'我们正在站立阶段'（当脚在地面上时）。发给神经系统的信号和正在发生的事情相反。这样做是不行的。"如此这般，神经系统就很难学习。为了学习，它必须理解正在发生的事情。

因此，库尔蒂纳在他的实验中采用了一种非常不同的机器人设计。第一眼看上去，他的 Rysen 系统并不像某个先进的自动设备。它包括两条导轨，安装在康复房间的屋顶上。导轨上有四根线缆，连接到患者穿戴的背心上。线缆上施加的力正好可以帮助患者站立。线缆可以收缩或释放，帮助患者向前、向左或向右行走，同时保护他们不至于摔倒。与传统的康复方法相比，它有几个关键优势——它的支撑是柔性的，不会像刚性外骨骼那样不自然地约束患者的关节，它也不会像跑步机那样，要求患者按规定的速度行走，或者必须走直线。这个系统的核心技术是它的算法。它决定什么时候以及用多大的力拉紧线缆，从而调整每时每刻向前以及向上的力，帮助患者重新学习走路，而不是让机器代替他们走路。算法必须是定制的，因为没有两个人走路的方式是一样的，也没有两个患者的病情是一样的。2017年，库尔蒂纳和他团队的一项研究登上了《科学转化医学期刊》（*Science Translational Medicine*）的封面。在这项研究中，他们观察了一组健康的受试者是如何使用这台机器人的。[7] 首先，他们让受试者穿上从天花板悬挂下来的背心走路，线缆的张力刚好保持紧绷状态，然后用相机记录受试者的姿势，用肌电描记术（Electromyography—EMG，一种测量肌肉电信号的技术）记录他们肌肉的活动，以及他们的脚在地面上施加的力。然后，他们开始以不同的方式向上和向前拉四根线缆，同时记录受试者肢体的位置、肌肉的活动以及力量的变化。他们实际是在寻找一种密码，可以告诉他们施加在线缆上的某种程度的力是如何转化为肢体的行为变化的。

之后，他们对脊髓损伤的患者做了同样的实验。他们要求患者穿上背心，在线缆上施加足够的力使他们保持直立，并测量每个患者的运动姿态、肌肉的活动和脚上的力，并和"健康"的行走参数进行比较。然后，他们以不同的配置拉紧或释放线缆，缩小参数上的差异，寻找适合每个患者的个性化配置，尽量贴近健康人的指标。

这和验光师在为人们配眼镜时没有什么不同：验光师尝试各种镜片的组合，直到你看东西的时候好像拥有完美的视力一样。找到个性化配置以后，库尔蒂纳的团队就可以使用这套系统让患者进行原本无法进行的步行训练了，而且训练的时间会更长。虽然他们只在五名患者身上进行了试验，但结果令人印象深刻：在一个小时的训练后，库尔蒂纳的所有患者（他们都可以走路，但仍然需要一些辅助）在没有机器人帮助的情况下，行走的速度和稳定性都有了明显的改善，这是在跑步机上的训练无法实现的。

下一步是帮助脊髓严重受损的患者。失去腿部自主运动控制能力的患者需要另一项技术的额外帮助：硬膜外电刺激（Epidural Electrical Stimulation，EES）。它将电信号直接传递到脊髓受损区域的后面，以取代传递不过来的大脑信号。"在脊髓损伤的患者身上使用电刺激技术已经有大约 30 年了。"库尔蒂纳在 2018 年《自然》杂志上发表论文解释说，"在某些情况下，经过大量的康复训练后，少数人能够走上几步，但也只有在电刺激下才可以。直到不久前，没人知道为什么。所以我和我的团队决定深入研究这个问题。"

库尔蒂纳的团队首先对健康的受试者进行了测试，绘制出详细的指示图，标出脊髓中控制腿部特定肌肉的神经元可能的位置。然后，他们通过手术在三名患者对应的脊髓区域内植入电脉冲发生器，并对每个人的电极活动进行了精细调整。研究小组使用磁共振和计算机断层扫描技术来选择电极的配置，以便最大限度地激活脊髓中的相关神经元。他们使用脑电描记术（Electro-encephalography，EEG）来确认这些神经元也能上传肢体在空间中的位置信息，来激活大脑皮层中的运动区域。通过这种方式，他们针对每个患者的每个动作，确定了在什么时刻，向什么位置发送硬膜外电刺激信号，以模拟大脑在控制这种步态的各个阶段时，通常发出的指令。在患者没有主动参与的情况下，电刺激只能引起轻微的肌肉收缩，但当患者试图与电刺激同步移动他们的腿时，虽然幅度有限，但可以明显看到臀部、膝盖和脚踝的运动。

此时，患者就可以开始使用 Rysen 系统在跑步机上训练了。机器人系统负责帮助患者对抗重力，而电刺激可以让他们对腿部的运动有一些自主控制。患者必须使他们的动作与电刺激同步：这样，他们走路的意图就会转化为自主的动作。事实证明，这件事相对容易做到。在几天内，所有三名患者都开始了康复治疗。一开始，一旦硬膜外电刺激信号关闭，他们就完全失去了对腿部肌肉的控制。但经过几个月的训练，在没有硬膜外电刺激信号的情况下，他们也能重新控制自主运动。其中一个人在轮椅上坐了七年之后，甚至可以在不用手扶且没有任何支撑物的情况下，走上几步。

"我们面临的挑战是走出概念验证阶段，把这种疗法推广到所有人。"库尔蒂纳解释说，"就这方面来说，我们知道，在脊髓损伤后立即进行康复治疗是非常重要的。这个时候，神经系统的可塑性仍然很高，神经肌肉的连接还没有退化。这种方法的关键就在于，机器人系统对神经系统是透明的，它们让神经系统自由地工作，不会把它们的逻辑强加给神经系统。在这方面，软体机器人是重要的发展方向。"理想情况下，患者甚至不应该意识到自己穿戴了机器人，柔性材料和柔性执行器会有可能实现这一点。"此外，在康复过程中，我们必须学会不要过度帮助患者；相反，我们应该尽可能少为神经和肌肉提供帮助，让它们自己去完成工作。

但对于机器人假肢来说，情况可能不同。因为在某些情况下，你需要提供额外的辅助力量。"事实上，库尔蒂纳预计，康复机器人和机器人假肢在未来会分成两个领域。"目前，两者都使用相同的系统，但需求非常不同。未来，可能还是一样的机器人，但会使用不同的算法。在理想情况下，它们应该是不同的设备。"

与此同时，正如未来的那位诺贝尔奖获得者将会说到的那样，世界各地的其他研究人员正在努力帮助不同的患者群体。失去上肢或下肢的截肢患者也找到了新的选择，而这些选择在几年前都是不可想象的。几十年来，这些患者只能依靠传统的假肢来恢复肢体的外观，而这些假肢没有或只有很少的功能。在 20 世纪后期，第一个用肌电描记术控制的机械手假肢出现了。安装在手臂皮肤上的电极可以检测到残肢肌肉上残余的信号，将其转化为机械手的指令。但这种技术提供的信号很少且不稳定，只能用来控制机械手的大体动作，比如张开和握紧。当来自皮肤的肌电扫描信号被直接植入肌肉纤维的电极取代时，精确度有了巨大的飞跃。而且当神经内接口得到完善时，情况就更好了：这些电极直接连到残肢的神经上，从而将大脑与人造机械手连接起来，实现更自然的控制。更真实的机械手会有用铰链连接的独立的手指和更多的自由度，患者对它们的使用更接近自然状态。[8]

在 21 世纪 10 年代中期，约翰斯·霍普金斯大学（Johns Hopkins University）的一个团队为莱斯·鲍（Les Baugh）设计了一个巧妙且前所未有的治疗方案。鲍在 40 年前的一次触电事故中失去了双臂。约翰斯·霍普金斯大学的研究小组首先对他进行了所谓的"定向肌肉神经移植"的外科手术。这个手术将他胸部的肌肉和肩部的神经连接起来，而这些神经通常是用来刺激手臂和手部肌肉的。然后，他们为鲍安装了连接在躯干和肩膀上的假肢，并利用胸部和肩膀的肌肉运动来控制两根机器假肢上的马达。通过这种方式，患者只要在大脑中想着移动他的手臂就可以驱动机器人假肢了。鲍首先在虚拟现实环境中练习，然后开始使用他的新手臂，效果令人印象深刻。他甚至学会了抓起和握住小物体，并同时协调和控制两只手臂，这是他的医生都没有预料到的事情。

然而，大多数假肢仍然缺乏触觉，使用者仅依靠视觉来确保他们以正确的方式抓住了物体——更不用说识别物体的形状和纹理了。为了解决这个问题，意大利圣安娜高等学校的西尔维斯特·米切拉在截肢患者的上臂神经束内植入了微型电极，并将它们与机械手的手指和手掌上的压力传感器连接起来。压力传感器产生的电信号会直接进入神经，为患者提供触觉。

取得了这次成功以后，米切拉又用同样的方法为患者提供了本体感觉信息。他从机械手的压力传感器上收集信号，并将其传到中枢神经系统。最终，依靠位置信息和触觉信息，截肢患者能够更自然地使用机械手操作物体，并且能够在不看物体的情况下确定物体的大小和形状。

脑机接口是一项关键技术，可以帮助机器人假肢变得更自然、更有效。这一领域的开创性的工作始于 20 世纪 90 年代末，当时亚特兰大的菲利普·肯尼迪（Philip Kennedy）和罗伊·巴凯（Roy Bakay）在一个闭锁综合征患者（清醒、有意识，但无法移动或进行语言交流的人）的体内植入了一个电刺激器，使他能够控制屏幕上的光标。2005 年，美国运动员马特·纳格尔（Matt Nagle）被人刺伤，颈部以下瘫痪。科研人员在他大脑的运动皮层中植入了 96 个由美国 Cybernetiks 公司开发的脑机接口电极，他成为第一个能够控制机械手的人。这个设备是由布朗大学神经科学教授约翰·多诺霍开发的。尽管纳格尔只能用机械手完成基本的动作，但到了 2012 年，多诺霍的团队取得了另一个里程碑式的成就，两名截瘫患者可以使用他们的大脑信号来控制外置机械臂，用它抓住瓶子，并将其举到嘴边喝水。这一成果发表在《自然》杂志上，成为当时世界各地的头条新闻。[9] 然而，从定义上就能知道，这些都是非常具有侵入性的设备，需要复杂的外科手术，涉及电极盒和从患者头骨中伸出的电线束，患者还会面临败血症的风险。

　　在过去十年里，人们研究得更多的是非侵入式脑机接口，这种技术使用粘在头皮上的电极，获取电信号。然而，脑电描记术在鉴别神经群的活动方面不如植入电极精确。何塞·米兰一开始在瑞士洛桑联邦理工学院工作，后来进入得克萨斯大学（University of Texas）；他意识到，如果使用者学会调节自己的脑电波，产生可以让机器明确地、可靠地接收到清晰脑电波的模式，这个问题就可以绕过去。随着用户的数据越来越多，加上使用了机器学习技术，如今，可以把特定的脑电波模式和大脑的思维活动对应起来，已经成为可能。到 21 世纪 10 年代末，脑电描记术可以做什么已经很清楚了。它不仅可以控制机械肢体，还可以指导患者更好地康复。在 2018 年一项针对中风患者的研究中，米兰的团队使用脑电描记术检测到了与手掌张开相对应的神经活动，然后用电信号刺激瘫痪手掌上的相应肌肉，使手腕和手指可

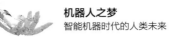
以完全张开。[10] 比起单纯接受电刺激的患者，使用脑机接口的患者在运动的恢复方面更好，也更持久。

无论机器人在康复、假肢和再生医疗领域的前景如何，这一领域的成功都归结为一件事：合作。这也是康纳·沃尔什告诉我们的话。仅靠单一技术是不可能取得成功的；只有结合软体机器人、机器学习、电刺激和神经成像技术，并根据每个患者的具体情况为他们定制解决方案，才能带来真正的突破。沃尔什说：

> 人们看到这些设备，总想询问是谁开发的。但在这个领域的事情是，人们已经学会了欣赏团队合作的重要性。如果你想要取得突破，就必须组建一个合适的团队，包括工程师、治疗师、生理学家、神经科学家——你必须花时间去训练这个团队，找到某种合作方式。我希望在过去五到十年中，我们看到的这种学科融合的趋势将会继续发展。如果真的发展了，那么我希望看到更多的创新设计和更多的产品进入市场。

瑞典斯德哥尔摩，2052 年

21 世纪一二十年代那些开创性工作播下的种子在 21 世纪三四十年代开花结果了。包括我的实验室在内的几家实验室都收获了果实。更重要的是，患者们得到了好处。十年前，我的实验室和我们分拆出来的那家公司进行了一项具有里程碑意义的、规模空前的临床实验。在这一实验中，我们首次验证了一种治疗方法的有效性：它适合各种神经损伤。只要能在损伤发生后的最初几天内进行干预，60% 以上的患者（包括那些神经完全受损的患者）是可以恢复几乎所有的行走能力的。其他数十个小组在下肢和上肢的实验中都取得了令人印象深刻的结果。被诊断为脊髓损伤或截瘫的含义已经和 30 年前完全不同了。

截至 2019 年，在脊髓损伤的患者中，有一半人在未来几十年的生活中，都会处于永久残疾的瘫痪状态。[11] 现在，这个数字下降到了 25%。

在 21 世纪 10 年代后期，在美国，如果一个人在 20 多岁时脊髓受损，那么他的预期寿命会比普通人平均短七年；这个数字自 20 世纪 80 年代以来始终没有改善。而如今，这个数字是两年。

35 年前，一个完全瘫痪的患者平均要在康复中心待 35 天。现在，同样的患者平均只需要待 12 天就可以回家了——这是测试设备并完善个性化康复方案所必需的时间。然后，他们就可以在家中，在手机应用程序的指导下，每周与治疗师进行在线对话，继续进行康复训练了。

从那时起，人们从文化上对仿生机器人的态度也发生了很大变化，半机械人（cyborg）的概念也开始发生变化。几十年来，将人工部件整合到人体中，制造出一个半人半机器的混合体，一直是科幻小说里的情节。它给人的感觉是一场噩梦而不是一场美梦。澳大利亚一位叫斯德勒克（Stelarc）的行为艺术家，在 20 世纪末和 21 世纪初因为在他的作品里融入了机器人和神经控制等元素而变得声名狼藉。他的全部作品都采用了视觉冲击力极强的对人体的侵入式的技术，引起了观众们的不安和困扰——比如，他会让观众通过互联网激活他肌肉上的电刺激器，来控制他的身体。

当残奥会运动员艾米·穆林斯（Aimee Mullins）、前赛车手亚历克斯·扎纳尔迪（Alex Zanardi）和休·赫尔等广受欢迎的大众人物毫不掩饰自己是截肢患者时，情况开始发生变化。假肢越来越像真的、越来越自然，脑机接口越来越小，新出现的机器学习算法可以快速适应每个人的特征，不用你费任何力气，就可以接管全部工作。这些技术上的进步，使社会在文化上可以接受一个半人半机器的混合体了。

随着人们对用机器人替换身体部件这件事越来越认可，患者受到的歧视也越来越少。但事情很快就更进一步。健康人已经在粉刷屋顶、上下楼搬动家具时开始使用机器人服装来增强体力和减轻疲劳了，或者在徒步旅行、滑雪或观光时使用机器人服装以获得更多的乐趣了。如今，城市里到处都是不知疲倦的"增强型"游客，他们一天之内步行观光的景点可以比以前多两倍。

这也引出了新问题。从体育运动中的公平问题，到以前从未发生过的危险，这些问题都冒了出来。现在，许多人因为错误地使用了这些设备而发生意外。具有讽刺意味的是，他们受到的损伤往往就是人们开发这些外骨骼机器护甲和机器人假肢要解决的那些损伤。同时，在谁买得起、买不起这些设备之间，又出现了新的不平等。一般都会如此，当科学技术解决了旧的挑战后，它就会创造出新的挑战。但我们都可以为这个领域取得的成就而感到自豪，为这么多患者提高了生活质量而感到自豪。

8

第八章

微型外科医生的奇妙历险记

🕐 卢旺达首都基加利，2038 年 5 月 12 日

托马斯有点紧张。这完全可以理解。当他被推进基加利最大医院的手术室时，他正努力回忆他刚刚签署的那份手术同意书上的内容，那些关于可能的风险和副作用的确切用词。"我不需要担心，是吗？"他挤出一丝笑容，问身边的护士。

护士艾达经验丰富，很擅于在手术前安抚患者。但她仍在字斟句酌地寻找合适的语言，向患者描述这项特殊的手术，以最诚实的方式提供所有正确的信息，把优点和风险都说明白。

"即将为你做手术的团队可以说是世界上最好的团队，"她说道，"你很幸运能生活在这个时代。实际上，就在不久之前，像你这样的患者还只能等待，希望好事降临，并确保自己永远不要离医院太远。但现在不一样了，你动完手术，今晚就可以回家了。"

她说得不错。托马斯患有脑动脉瘤，在他大脑的血管中形成一个凸起。这个凸起可能已经存在了一段时间。这是几个月前他在一次例行体检中发现的。看过核磁共振的片子后，一位神经学家断定，这个动脉瘤很有可能在一两年内破裂，并导致大面积脑损伤或死亡。直到过去十年，这样的患者没有太多选择，尤其是像托马斯这样 71 岁的患者，选择更少。只有当动脉瘤看起来非常可怕，并且有了预兆，可能在几天内破裂时，外科医生才会考虑打开头骨，夹住动脉瘤。即便如此，这种手术一般来讲也是针

对年轻患者的，因为对于托马斯这个年龄的人来说，手术的风险和动脉瘤本身带来的风险基本上一样高。在过去，大多数医生的治疗方案是监测脑动脉瘤，在它破裂之前尽量避免手术。[1]但现在有了一个更安全的选择，能进入大脑血管切除动脉瘤。"任何手术都有风险，"艾达告诉托马斯，"但我可以向你保证，与过去不同，现在的风险远远低于什么都不做的风险。"

艾达是对的。但这项技术仍然太过新奇，一些患者对于让这些东西在他们的身体里四处游走仍持保留态度。而且，手术也不是平常的那种外科手术。

与此同时，在另一个房间里，即将进行手术的医生团队再一次检查他们的流程清单，并在心里默默演练整个过程。首席外科医生解释道，他们将通过腿部动脉的导管注入少量微型机器人。然后他们会用电磁场引导这些机器人沿着患者的血管穿过身体，抵达动脉瘤的位置。一旦到达那里，他们就会向微型机器人发出信号，开始切除动脉瘤。

"我仍然不敢相信，我们竟然做到了这一点。"其中一名助手说。

"到目前为止，我已经做过好几次这种手术了；即便如此，我还是感到难以置信。"首席外科医生微笑着回答说。她是一位美国专家，是在实际患者身上采用这种手术的首批医生之一。在此之前，她在人形机器人和动物身上做过长时间的练习。"当我进入医学院时，这种手术听起来仍然像科幻电影里的疯狂想法，"她回忆道。制造出这种尺寸的机器人，让生物体接纳它们，让它们安全地留在生物体内，并且有足够的功能，可以在脑血管里做手术，这听起来已经足够疯狂了。而且，如果没有绳子拴着它们，怎么能控制它们的行动呢？"我可以告诉你，大多数人都不相信我们能走到这一步，"她回忆道，"但事实是，我们做到了。再过几个小时，我们就能治愈一个脑动脉瘤患者，而且不会在他身上留下任何疤痕。"

就在这时，艾达的声音从扬声器里传了出来。"早上好，医生们。患者准备好了，可以开始麻醉了。在我们开始之前，你们想不想见见他？"

"当然。"首席外科医生说道，并示意她的团队迅速完成准备工作，前往手术室。

"下午好，托马斯，"首席外科医生说，"你今天感觉怎么样？"

"下午好，医生，"患者回答说，抬头看着墙上装有摄像头的大屏幕，"我感觉很好，但这一切结束后我会感觉更好。很抱歉你今天早上得起这么早。你们那里几点了？六点？"

"完全没问题，托马斯，"医生回答说，"是的，我们这里现在是早上六点，而且这还不是我们今天早上的第一台手术。有时我们不得不这样做，但对我们来说，这比我们飞过去或者让你飞到波士顿要容易得多。"

患者很清楚，就在不久以前，他还享受不到这种水平的医疗救治。像他这样的卢旺达中上阶层的人当然可以住进好医院，看上好医生，但由世界上顶尖的专家之一亲自做高科技的手术则是另一回事。至少，即使患者负担得起手术费用，也需要飞到美国或其他国家进行治疗。但在过去十年里，机器人大规模地参与到外科手术中来，改变了这种情况，许多手术可以远程完成，就像

开一次工作会议或上一堂瑜伽课一样。所以，托马斯现在就可以通过电话会议与一位世界顶尖的外科医生交谈了。这位外科医生在世界的另一端，很快就会引导一群微型机器人穿过他的血管，进入他的大脑。

"我相信艾达已经详细向你解释了一切，托马斯，"她告诉他，"在麻醉后的几分钟内，她会用一个非常小的导管往你的体内注入一些纳米机器人。它们没有毒性；事实上，它们是完全可以生物降解的。手术后几天，你的身体就会把它们排掉。注射后，我会远程控制位于你房间里的磁铁，引导机器人到达你的动脉瘤。你看到床边的小屏幕了吗？那是给艾达看的，我在这边也会看到完全相同的图像，我会一直跟踪机器人移动进入你的大脑。一旦它们到达动脉瘤的地方，我就会用声音信号指导它们放下微型金属板。这些金属板会堵住动脉瘤，切断它的血液流动，并确保它不会破裂、引发脑出血。"

"听起来是个不错的计划，医生。"托马斯答道，看到艾达开始为他麻醉，试图让自己的声音听起来比一开始时能更平静一些。

🕐 瑞士苏黎世和意大利比萨，现在

在这本书的所有故事中，上面这个可能是最接近科幻的一个。对于 20 世纪 60 年代的电影迷来说，一群"微型外科医生"

进入人的身体，通过血管到达大脑的想法，这听起来可能很熟悉。在 1966 年奥斯卡获奖影片《神奇旅程》[1]（*Fantastic Voyage*）中，未来的物理学技术可以把人变大或缩小。一组工作人员被缩小到微观尺寸，并被注射到一个昏迷的科学家的身体里开展营救；这位科学家的生存对于人类的未来至关重要。这些人有一个小时的时间从他的大脑中取出一个血块，这是普通的外科手术无法做到的。

　　这部电影和我们的虚构故事都有一个非常真实的前提，许多医疗过程——不仅仅是那些涉及大脑的——如果用正常的外科手术来完成的话，是非常困难和危险的，有时甚至是完全不可能的。科技在很多领域的进展让人类的生活和工作变得越来越好，比如腹腔镜和"经典的"机器人手术——使用精密控制的微型仪器，通过微创切口而不是若干大切口进入人体。但是，当需要治疗的器官位于骨头后面时——比如肺部手术，以及进行最麻烦的脑部手术，或者是解决循环系统中的微小血管上的问题时，事情就变得棘手了。

　　将人类缩小到微观尺寸的创意当然很棒，但这只能在电影特效的帮助下实现。不过，将微型机器人注射到体内来治疗疾病远没有看起来那么科幻。工程师们多年来一直在研究这个问题，试验了各种各样的材料、设计和控制策略，以便让微型机器人进入人体。虽然这些实验还没有进入临床应用，但人们已经证明了它

---

[1]　《神奇旅程》是一部科幻电影，讲述了用微缩科技探索人体内部的故事，是第一部关于微缩科技的科幻电影。——编者注

的可行性。在未来某一天，人们可以用微型机器人把药物送到指定的精确位置，操作微型夹持器或切割设备完成外科手术，或者替换细胞内部的 DNA，等等。

布拉德·尼尔森（Brad Nelson）出生于美国中西部，自 21 世纪初开始，一直是苏黎世联邦理工学院的教授。他在微型机器人的制造和控制方面发表了数百篇科学论文，并获得了多项专利。多年来，他开发了各种各样的微型机器人，比如：可以将 DNA 注入细胞的微型机器人[2]；自动进行克隆和基因操作的微型设备，在操作时还能降低污染的可能；由超声波控制的微型装置，可以抓取和调整悬浮在水中的细胞[3]；带有细菌鞭毛的微型机器人，能在液体中游动并操纵小微粒[4]；此外，还有根据电影《神奇旅程》的概念制造出的各种微型机器人。他试验了不同的材料、制造技术和移动模式，制造出的机器人体型从微型机器人级别（尺寸小于 1 毫米），一直到纳米机器人级别（尺寸小于 1 微米，因此比微型机器人小了 1000 倍）。

尼尔森指出，微型机器人和纳米机器人，几乎与宏观机器人是两个完全不同的学科。"当你把某样东西的尺寸缩小到原来的 1/10，它的面积就会缩小到原来的 1/100，体积就会缩小到原来的 1/1000。这时，和体积相关的属性就变得不那么重要，和表面相关的属性就开始占主导地位，"他指出，"你必须以一种非常不同的方式去思考表面之间的互动。机器人专家通常根据库仑摩擦（Coulomb Friction，干燥表面之间产生摩擦力的模型）来观察物体之间的相互作用，这也是人的手能拿住杯子的原因。但在微观尺度上，库仑摩擦已经不再那么重要了。但我们仍然可以使用很多相同的算法，例如传感器融合和导航算法。当我们试图让微型机器人在血管中穿行时，我们使用的算法与我们让汽车穿过城市的算法类似。"

在医用微型机器人领域，最大的挑战并不是制造机器人本身。毕竟，我们生活在纳米技术的时代，有很多经过实验和测试的技术，可以在这样的尺度上操作各种材料。例如，尼尔森和其他几位研究人员已经用糖、油脂、明胶等有机材料，加上锰、锌和其他金属等无机材料制造出了人工微结构。[5]

但问题是如何控制机器人在体内的移动。尼尔森说："特别是在血管中，你必须考虑血液的流动。在血管中，微型设备表面之间的相互作用很难建模，需要实际的研究。这就意味着，你需要做动物试验或者人体临床试验，才能了解究竟发生了什么。"研究人员尝试了多种方法为机器人提供动力，穿过人体。其中包括为微型机器人配备自己的燃料库，这些燃料库可以与周围环境发生反应，并利用这种反应产生的能量来推动机器人移动。

不过，最靠谱的方法是用磁场来引导微型机器人。[6]通过在微型机器人的头部放置细小的磁粉，并从外部施加低强度的磁场（这种磁场对人体无害），就有可能把机器人引导并拖拽到最终的目的地。还有一种方法，如果机器人有一个螺旋状的尾巴，当磁场旋转时，机器人的尾巴就会像螺旋桨一样旋转，这样一来，移动就会更快。

然而，磁场驱动并非没有问题——特别是在药物输送这个领域，而这个领域又是医用微型机器人最有用的应用。"这是一个物理教科书上的问题。"意大利比萨圣安娜高等学校的阿里安娜·门西娅西（Arianna Menciassi）说，"磁铁吸引磁性物体的力是它们体积的乘积。如果其中的一个体积非常小，就像在这种情况下，那么另一个必须非常大。但在临床环境下，磁铁的大小是有限制的。"这意味着磁场通常会比较弱，这就无法把所有的微型机器人精确地引导到目的地。这个问题，特别是在药物输送方面，是个大问题。药物输送就是要向人体内注射大量装有药物的机器人，并利用磁力把它们引导到人体内指定的位置上。如果磁场太弱，吸不住很多的机器人，这些掉队的机器人就会越积越多，把药物送到身体的其他部位上。在这种情况下，医用微型机器人的主要优势——减少不必要的副作用——将不复存在。门西娅西解释说："你要么必须做到把机器人堆积在你指定的地方上，要么必须非常擅长回收没有发挥作用的机器人。"

门西娅西和她的团队最近提出的建议是采用后一种路线，将装载药物的"纳米机器人"与一项略微传统一些的宏观技术联系起来，也就是带有磁性的、可以通过静脉或动脉进入器官的血管导管。[7]他们展示了一个系统，一个这样的导管通过动脉进入肾脏，并注入大量携带药物的纳米机器人。然后，这些微型机器人将被外部磁场或生物化学力（比如将受体与配体结合的那种生物化学力）吸引到目标部位（如癌症组织）。等待一段时间后，另一根导管通过静脉进入器官。这根导管就像一个带磁性的真空吸尘器一样，将所有没有到达肿瘤位置的纳米颗粒再从血液中吸走。

据门西娅西介绍，另一个巨大的挑战是看到机器人的工作过程。微创或非侵入式手术是一个很好的想法，但医生们仍然想看到患者的体内正在发生什么。"我们结合了超声波和磁场跟踪机器人，"门西娅西说，"我们的想法是利用磁场使微型机器人以一定的频率振动，然后测量它们产生的超声波信号，从而得到它们在人体内的运动图像。"这种方法的原理是分析微型机器人振动时产生的轻微高频声，然后测量它们的多普勒效应——当声源向你靠近或远离时，你听到的声音频率就会产生变化。[8]

　　所有这些技术都适用于由金属、碳结构或有机化合物制成的微型机器人。有时，这些机器人的形状和运动方式是模仿生物制造出来的。例如，有的机器人会像细菌一样用尾巴或纤毛提供动力，四处游动，但它们仍然 100% 是人造的。一些研究人员正试图利用生物体本身，而不是模仿生物体，将细菌或其他微生物变成混合型的微型机器人。[9] 例如，如果你要向身体内的某个位置运送药物，那么可以将药物放置在一个微型"背包"中，附着在细菌（比如大肠杆菌）上，并将磁性粉末黏在细菌头部。这样，磁场只需要控制方向就可以了，游泳的任务则留给细菌——它们有特殊的游泳技能。还有更好的方法，研究人员使用趋磁细菌；这种细菌含有磁性晶体，天生就能够跟随磁场的方向移动。在自然环境下，它们似乎是利用这种能力向氧浓度适合自己的地方移动。

　　门西娅西开玩笑地说，采用人造机器人还是混合型生物机器人，区别类似于"制造一只人造猫还是训练自己的宠物猫"。应该承认，后一种选择听起来似乎容易得多。细菌已经非常擅长——经常是过于擅长——在我们体内移动了。你需要做的只是教会它们去哪里。当然，在使用它们作为微型医生之前，你需要稍微调整一下它们的生物习性，以便确保它们不会释放毒素或者不受控制地滋生并引起感染，但这一工作对现代基因工程来说并非不可能。

尽管如此，门西娅西认为，比起人造的微型机器人来讲，让这些混合型机器人进入临床试验并获得授权可能需要更长的时间。"磁力引导的微型机器人可能是第一个进入临床应用的技术，"她说，"至于原因，我们至少可以说，大多数诊所已经有了可以用于这一技术的磁性设备，比如核磁共振设备。"

一些研究人员似乎觉得建造和控制一个可以移动的微型机器人还不够具有挑战性，他们正试图同时使用数十个甚至数百个微型机器人，控制它们完成一些集体行动以及事先编排好的行为。在德国斯图加特的马克斯-普朗克智能系统研究所，梅廷·西蒂（Metin Sitti）将微型机器人和群体机器人结合在了一起。当人们问他，为什么要同时解决两个不同的问题，而不是专注于一个问题时（群体机器人在任何尺度下都是一个困难的问题），他回答说，在许多情况下，单个微型机器人可能无法完成医疗任务。"单个微型机器人只能运送少量药物，或者只能加热一个很小的区域。而大多数功能，比如运送药物或切除癌症组织，都需要足够的运送能力，或者是覆盖大面积区域的能力。"但是，如果把许多微型机器人注射到人的体内，然后让它们联合起来，它们就可以起到宏观设备的功能，而进入人体的方式仍然是非侵入式的。"同样重要的是，你很难观察到单个的微型机器人。"西蒂说，"你如何从体外对一个细胞大小的机器人进行跟踪和成像呢？而机器人群体则比较容易从体外检测到，只要你能对它们进行编程和控制就可以。"

对于机器人群体的引导和控制是一大挑战。用什么方法最好，取决于机器人的类型。"对于远程控制来说，用超声波控制微型机器人正在变得越来越有意思。"西蒂解释说，"超声波的波束可以让大量粒子以不同的方式组合在一起，你可以很容易地改变波形，来引发不同的行为。但由于所有的机器人接收到的外部信号都是相同的，所以你无法对每个机器人进行单独的控制。"那么，如何制造可以完成特定行为的机器人呢？一种可能的解决方案是通过外部的声场或磁场，控制微型机器人之间的动态或静态的相互作用，引导它们自行组织成预先设计好的模式或动态。

例如，在 2019 年的一篇文章中，西蒂展示了如何让一组没有自主移动能力的粒子自行组装成一辆带四个轮子的微型汽车，并在外部磁场的引导下开始移动。[10] 要做到这一点，西蒂和他的团队利用了这样一个事实，那就是在这种尺度下，机器人表面的形状会改变周围的电磁场强度。例如，圆角或空腔会产生不同的磁场。人们知道这些磁场的样子，因此可以预测它们对其他带磁性的微小物体会产生怎样的影响。西蒂的微型汽车是由一个车身和四个带磁性的小球组成的。车身是矩形的，四角有四个半圆形的空腔。加上了外部磁场后，车身会将小球吸到空腔中，并使它们朝着磁场的方向滚动，这样它们就变成了轮子，并推动汽车向所需的方向前进。你不需要控制单个的粒子，就能让这些粒子自己组装成一个结构并开始运动。你需要做的就是精心设计，让磁场在粒子之间产生适当的引力和斥力。在使用其他的相互作用——比如化学作用、毛细作用、流体力学——获得不同的形状和不同的结构时，逻辑都是一样的。西蒂解释说："你可以利用磁场做到这一点，或者利用声音信号也行——使用不同频率的声音来改变粒子间的动态或静态平衡，得到事先设计好的不同的组合模式。"

对于有自主移动能力的混合型或化学型微型机器人来说，情况有点不同。西蒂说："这更像在宏观层面上控制群体机器人的技术。你可以依赖单个机器人的智能和移动能力，但你仍然需要用外部刺激引导和控制它们。"例如，用细菌改装的机器人可能更愿意跟随化学信号或者氧气浓度的阶梯移动；而装在藻类上的机器人对光线非常敏感。

"目前非常流行磁场控制。比起其他控制微型机器人的方法来说，人们对磁场的研究更多，但用声音控制也非常有趣。"西蒂继续说道，"比起磁场，这种远程力达到的深度更深，而且即使在微观尺度上也非常强，而磁力会随着机器人体积的变小而减弱。声音信号可以更多样化，你可以把特定的模式编码在声波当中，而且可以很容易地进行编码。"利用声音，你可以创造出更复杂的互动模式，可以让微型群体机器人随着时间的推移改变配置，并执行不同的动作，以响应声场的"旋律"；用磁场则很难做到这一点。

磁场控制和声场控制可以结合起来。2020 年，西蒂展示了他在这一领域概念验证阶段的一项研究成果。他和他的合作者制作了一种弹头形状的微型机器人。机器人长约 25 微米，在后部有一个球形空腔。[11] 在把机器人浸泡在液体中以后，可以用一定频率的声波撞击空腔内的气泡，使气泡产生振动，推动机器人前进；它们前进的速度惊人，每秒可达 90 个身长。机器人后部的鳍用来保持前进的方向，而外部磁场可以通过机器人身上的磁性涂层来控制它们精确转向。这些微型机器人获得的推进力比藻类的和细菌的强两到三个数量级，足以使它们对抗血液流动在血管中逆流运动，或者在胃肠道内高黏性、不均匀的黏液层里运动。这一特点对于未来的医疗应用会很有帮助。

布拉德·尼尔森也同意这一点。"我们已经看到了用磁场控制导管在身体内移动，"他指出，"在不久的将来，我们将会看到直径在 1 纳米以下的、更小的导管在身体内移动。不系绳的设备将走得越来越远。在五到八年内，我认为我们会看到它们在人体内移动，至少在实验室中可以看到。当然，这需要一段时间弄明白这里面会碰到的问题。但就像工程上的大多数事情一样，一旦有人做到了，每个人都会想，'这当然可以做到，有什么大不了的？'"

微型机器人和纳米机器人很好地证明了"底层还有很多空间"这句话——这是物理学家理查德·费曼（Richard Feynman）在 20 世纪 60 年代初设想纳米技术的发展潜力时说的。[12] 以医疗机器人为例，在到达真正的底层之前，还有很大的空间。小型机器人——指的是仍然在宏观尺度上的机器人——可以替代侵入式的治疗方案，并在磁场或其他外部场的引导下在体内进行手术。它们只需要从一扇不同的门进入人体就可以了。向人体内注射任何大于几微米的东西都是一个糟糕的主意（它会凝住血管），但吞下它是完全没有问题的。

麻省理工学院的丹妮拉·鲁斯领导了一个团队，研发出一种可折叠的机器人，它可以折叠在一个冰囊中，让人吞下。随着冰囊融化，机器人就会在胃里展开，然后滚向一枚被误吞的纽扣电池，并将其从胃黏膜上取下。如果你认为从患者的胃里取出电池不是一个值得需要很多关注的问题，那你就大错特错了。在美国，每年有超过 3500 名各个年龄段的人误吞纽扣电池。[13] 一旦误吞，想把它们及时弄出来就非常棘手，在过去的几十年里，大约有几十人死于并发症，其中大多数是孩子——他们把纽扣电池误认为是糖果吞了下去。

在 2016 年的初步实验中，鲁斯和她的团队设计了两种略有不同的折叠机器人：一种用于拿掉电池；另一种用于将药物输送到胃黏膜上，治愈电池造成的伤口。[14] 电池"移除器"是一块立方体磁铁，在冰囊融化时开始工作。他们的想法是，患者用水送下冰囊，然后用外部磁场引导它到胃中靠近电池的位置并吸住电池。然后，再引导微型机器人和电池通过胃肠道排出。接着，送药的"拯救者"机器人就开始工作了。它是一个折叠在冰囊里的手风琴形状的折叠机器人。当冰囊融化时，它会膨胀到原来的 5 倍。这个机器人上面携带有药物和一个小磁铁。在外部磁场的作用下，展开后的机器人可以不断收缩、拉伸，弯曲成需要的形状。然后，机器人在磁场的作用下会继续变形，贴合、覆盖在电池造成的溃疡处，并使用药物进行治疗。[15]

为了证明这个系统可以工作，鲁斯和她的团队制作了一个胃部模型。她解释说："我们需要一个模拟器官，它能保留真实器官的一些关键特性。"科学家们用 3D 打印机打印出了胃部的大致形状，然后对胃壁内部进行了塑模，获得了一种柔软的、类似人体组织的材料。她继续说："在机器人技术方面，我喜欢的方法是从概念开始，然后建立数学模型，然后开始实施和测试。在测试上，我们通常从模拟环境开始。这非常有用，但与实际环境有很大的差距。一种缩小差距的方法是一步一步来。比如冰囊这个例子，第一步是在模拟环境中设计出控制系统。然后做出这个模拟器官，让冰囊和电池真的从它中间穿过。下一步是测试一个更真实的环境——理想情况下，我们会用猪的胃做实验。"

鲁斯说，她希望这个想法能在五到十年内进入临床应用。"首先，我们需要获得资金进行生物试验，这需要几年的时间。然后至少要有几年开展人体试验，这样算下来很容易就达到十年。但如果能研发出这项技术，不需要切口就能让机器人在人体内移动，那就太棒了。我们这个领域已经为医学做出了很大贡献。医生不需要切口就能看到身体内部，这要归功于计算机成像技术。而我们的工作代表了下一步，不需要切口就可以在体内执行任务。"

事实上，就像所有其他医疗设备一样，小型和微型机器人都必须经过美国食品和药物管理局或欧盟欧洲药品管理局（European Medicines Agency）等监管机构的彻底测试和批准。尼尔森指出，比起导管等刚性工具，使用软体机器人——特别是软体微型机器人——的风险更小。"软体机器人不会刺穿任何东西，不会伤害到患者，肯定会更安全——你需要做的就是证明它们可以带来实际的好处，可以改进现有的治疗方法。"他强调正因为如此，找到正确的临床应用至关重要："我认为和血管相关的疾病可能是首先要考虑的。比如中风、动脉瘤、动脉栓塞等。胃肠道疾病也是一个很有前景的应用领域，此外还有清除血栓和肿瘤消融术——这是一种不采取切除的方法，而是烧死或冻死肿瘤细胞

的手术，目前是用针尖导管完成的。"

从一开始，机器人进入医学领域的主要承诺之一就是手术的平民化。尼尔森认为，微型机器人对此做出了很大贡献。"当今，"他指出，"有些手术需要外科医生接受数年的训练才能完成。例如，腹腔镜手术的难度就很大。机器人技术使得一些手术变得更容易学习了，经验较少的外科医生也可以做更困难、更昂贵的手术了。"机器人技术的另一个承诺是远程医疗。尼尔森说："这确实是机器人手术的初衷。这种想法来自军方，他们希望有一种方法可以在士兵受伤后立即在战场上治疗他们，而不需要把医生送到危险的地方。医疗机器人起源于美国军方，后来这个想法被诸如直观医疗公司（Intuitive Surgical）这样的机构采纳。"直观医疗公司是世界上最先进的手术机器人达·芬奇的制造商。在这次新冠疫情后，上述想法变得更加重要。如果手术由体内的微型机器人而不是外科医生的手来完成，那么医生和患者之间的物理距离就不那么重要了。"做手术的外科医生不必接触患者，"他说，"你可以让患者在一个地方，让世界上最好的专家在另一个地方做手术，让这种拯救生命的医疗技术覆盖更广阔的地域。"

🕐 卢旺达首都基加利，2038年5月12日，两小时后

"欢迎回来，托马斯。你感觉怎么样？"

托马斯睁开眼睛后，第一眼看到的就是艾达的微笑。他很快就适应了天花板上照着他的氖气大灯。

"头有点晕，不过还好，"他回答说，"进行得顺利吗？"

"一切都很完美。动脉瘤已经不是问题了，不过我们还得跟踪它一段时间。你多休息一下。为了安全起见，我们要观察你几个小时，然后你就可以回家了。"

"我希望感谢一下那些外科医生。他们还在线吗？"他问道。

"恐怕不在线了，"艾达回答道，"他们可能已经在做另一台手术了——我想是在俄罗斯。"

托马斯把头靠在枕头上，深深地吸了一口气，想到当天晚上就能回家吃晚饭，他笑了。这时，一个念头掠过他的脑海。

"它们还在我的脑子里吗？"他问艾达。

"你是说纳米机器人吗？是的，它们还会在里面待上几个小时，然后就会消失，这多多少少就像药丸的胶囊外壳一样。当磁场关闭后，它们就会随着血液的流动，慢慢溶解。但你最好在这里多待几个小时以防发生免疫反应。顺便说一下，我们有一些东西可以帮助你打发时间。你喜欢听音乐还是看电影？"

"看电影就好，"他微笑着回答，一边浏览床边触摸屏上显示的电影列表。"但绝对不看《神奇旅程》！因为我今天已经亲自领教过一次啦。"

9

第九章

生命可能的样子

🕐 中国湖南，2051 年

他们刚走进这家餐厅的时候，有些震惊。从清早起，他们就一直等在门外，觉得自己仿佛置身于《国家地理》纪录片中。几个小时以来，他们只听到鸟儿在唱歌，猴子在尖叫，远处有野兽在咆哮。而现在，拥挤、嘈杂、空调轰鸣的房间把他们拉回粗暴的现实。这家位于公园里的豪华餐厅因为主厨的创意性工作而受到了餐饮杂志的赞誉，闻名于世。"如果在这里就这么拥挤，谁知道楼下的餐厅会是什么样呢？"哈维尔说着，取下背包，向服务员打了个招呼。幸运的是，服务员在餐厅后面为他们预留了一张安静的桌子。他们很快就走到桌边，瘫坐在椅子上。刚才看到的东西让他们既兴奋又疲惫。

"哇！"科琳娜开口道，"这绝对值得凌晨 4 点钟起床。伙计们，我简直不敢相信刚才看到的景象。"

"我脑子里一直忘不掉那头老虎在我们面前抓住野猪时的情形。"哈维尔说。他回忆起那个令人难忘的时刻，充满了原始的野性。当时，他们看到两头老虎正在一座桥上捕食。那座桥横穿整个大型猫科动物的区域。

"是啊，看到的时候有些难受，"科琳娜答道，"我知道不该对那头野猪抱有同情，但很难不这样。"

"那么熊在瀑布上抓捕跃起的鲑鱼呢？"胜雄插话道，"我在纪

录片里看到过很多次这样的场景，但能这么近距离地看到真是太棒了。"

"对我来说，最精彩的部分是鳄鱼和水蟒的大战。"阿雅说，"一时间，我真的分不清哪一个是真的。你知道，水蟒有时候也会捕食鳄鱼，所以原则上哪个都可能是真的。"

"也许它们都是真的，或者都是假的，"科琳娜说，"我们假设只有猎物是假的，但谁知道呢？"

"好吧，能回答我们所有问题的人来了。"哈维尔说。

这时，一位四十多岁、精力充沛、举止优雅的女人走进了餐厅，微笑着朝他们走来，一路上随意回应着服务员们恭敬的问候。

"嗨，你们好。我是梅。对不起，我来晚了。"她一边说，一边迅速和每个人握了握手，然后坐在桌子旁为她准备的空椅子上，"你们点菜了吗？哦，你们不用等我的。"

"没问题，我们知道你一定很忙。"

"哦，天哪，我本以为只晚了一会儿，没想到这么晚了！"她看着餐厅墙上的钟说，"我很抱歉。我真不应该相信这块表。"

"这是基因手表 4（GenWatch 4）吗？"胜雄惊奇地问。

基因手表在诸如梅这样具有可持续性发展思维的人群中风靡一时。它不用石英和电池，而是使用了一群经过基因改造的细菌。利用它们以 24 小时为周期的分子机制，获得秒和分钟的计数——但并不总是准确的。

"这一款比上一款好，但还是无法击败传统手表。"梅说，"不过至少它永远不会变成电子垃圾。你们在公园里看到的所有东西也不会。你们觉得这个公园怎么样？"

　　他们难掩兴奋之情，对她的赞美溢于言表；而她却报以平静的微笑，就好像这是习以为常的事情一样。

　　兴奋过后，大家提出了各种问题。这些动物每个月会吃掉多少猎物？哪种猎物最难制造出来？有多少种猎物是远程控制的，有多少种是完全自主运动的？她记下了几个问题，就像会议上的发言人一样。

　　"那么，让我们从头说起吧，"她平静地说，"你们可能还记得，当我们第一次创建这个公园时，它不仅是一个科学实验项目，同时也是一个生态保护项目。我们要拯救一些濒临灭绝的动物物种，同时以一种前所未有的更真实、更可控的方式来研究它们的行为。"

　　她解释道，所谓"真实"，是因为这些动物能够像在自然环境中一样狩猎，追逐和捕获猎物，而不像在一般的动物园里那样被投喂生肉。而"可控"，是因为研究人员们可以调整生态系统中的猎物和其他物种的行为，借此研究动物的行为学——从它们如何成群狩猎，到为什么会选择某个猎物。

　　她解释说，这个公园之所以能够建成，关键在于科学家们已经解决了两个大难题。这两个大难题在几十年前的 21 世纪 10 年代仍然令人望而生畏。其一是，科学家们可以使用柔性材料制作皮肤和关节，并使用机器学习算法来控制机器人的动作，使它们看起来像真正的动物，移动起来也很逼真。其二是，科学家们可以用可生物降解的以及可消化的材料制造这些机器人，能被细菌、蘑菇到哺乳动物甚至人类食用。换句话说，他们不仅可以制造出足够逼真的机器老鼠、机器鱼和其他简单的机器动物，欺骗

它们的捕食者，而且捕食者可以真正咀嚼和消化这些机器人。

梅承认："我们在某种程度上借鉴了几十年来对可生物降解机器人的研究，当然这项技术的最初目的并不是打造一个主题公园。"事实上，在20世纪末和21世纪初，随着电脑和智能手机的销量（和抛弃量）达到了数以百万计之多，公众越来越担忧电子设备对环境的伤害。随着机器人时代的逼近，很多研究人员意识到，让机器人大量上市并充斥整个世界和开发机器人的初衷相矛盾。开发机器人的初衷是为世界的可持续性发展做出贡献。但它们有可能成为电子垃圾，造成污染；因为在制造半导体或电池时，都要用到稀土材料，它们有可能会对稀土资源造成不可持续性的开采；此外，它们还有可能消耗更多的能源。

在那个时候，研究人员们越来越喜欢软体机器人技术。因为这种技术可以制造出用途更多、更能适应不同环境的机器人。对于机器人专家来说，柔性材料的吸引力在于它们的功能，它们可以弯曲、适应目标物体、改变形状，类似于活体组织的行为；而刚性材料却做不到这一点。那么，为什么不把这个概念推广到它合乎逻辑的终点呢？为什么不使用和有机体相同的材料制造机器人呢？这种材料构成了活体组织，而且可以在生命结束时在环境中降解。除了环保方面的考虑，一些研究人员还有医学方面的考虑：制造一种可以进入人体的设备，去输送药物或进行诊断，然后无须再将它们取出来，而是代谢出来。

梅回忆说，从21世纪10年代开始，科学家们就开始试验用可生物降解、可消化的材料制造机器人部件。从第一批可食用的执行器以及电子元件，到这些人刚刚在公园里目睹的那些可食用的机器人，科学家们走过了漫长的道路。经过多次的失败和错误的尝试后，中国的一个团队成功地制造出了第一个完全用有机的和可食用的材料制成的小型行走机器人。一旦关掉它，它就会自行降解。然后他们用这种方法做出了一只老鼠，足以骗过爬行动物和哺乳动物去捕食。然后他们又做了一条鱼。

"研究进展到这个阶段时，他们主动联系我们，之后，我们就立刻开始合作，"梅回忆道，"当时，这个地方是一个自然保护区，里面有几只华南虎。因为城市化破坏了它们的栖息地，而且在野外它们很难找到猎物，所以华南虎的数量逐渐减少。"

她解释说，华南虎即便在保护区里也很难找到猎物。无论他们这些人多么努力，都不可能在这里重建整个生态系统。"我们会喂它们生肉，但这会让它们变得不像老虎。它们会变得肥胖、懒惰、抑郁。所以我们让那些研究人员给我们做一些模仿啮齿动物的软体机器人，让老虎可以捕食。经过几次尝试，我们成功了。"

梅解释说，从那以后，一切都可以照方抓药了。如果对老虎可以这样做，那么对狼、蛇、鳄鱼也都可以这样做。这种方法不仅适用于以昆虫和幼虫为食的熊，也适用于其他口味的野兽。"我们意识到，野生动物狩猎的场景可以吸引更多的游客访问我们的公园，我们开始采取一些大胆的做法，比如让熊捕猎鲑鱼。虽然这个地区没有熊，但游客们显然很喜欢。我的意思是，谁不喜欢看到熊在空中抓到鲑鱼呢？"胜雄听到这里脸红了一下，没有说话。梅补充说，出于饮食习惯等原因，他们还会为一些动物提供生肉。这些肉大部分是在生物反应器中培养的实验室肉，这种肉也正在成为大多数餐厅中人类食用的主要肉食。

　　然而，这个公园还有另一个功能。这个功能并不是游客们关心的，也没有什么吸引力，但同样重要。在这里，来自中国各地数以百计的生物可降解机器人和电子元件在生命周期结束时会被安置在公园里游客们看不见的地方，让细菌、蘑菇和昆虫去吞噬它们。在某种程度上，它们滋养了公园的生态系统，帮助花草树木生长，然后这些花草和树木又会被移植到公园的其他区域。在某种程度上，它们是一种能量来源。微生物燃料电池可以从分解后的软体机器人中提取电能。

　　"公园利用这些能量可以做很多事情，"梅说，"说到喂食，我想我们该点菜了。你们觉得呢？"

　　每个人都使劲地点了点头。梅刚才回顾几十年来对可食用机器人的研究把他们迷住了，几乎忘了肚子还空着。梅抬头示意，服务员立刻走到桌子前，向客人们介绍了一套餐厅特别安排的试吃套餐。

　　"很高兴你们在这里用餐，"服务员说，"我们今天的试吃套餐上有一些特色菜。我希望你们能喜欢，而且我确信这些菜会让你们大吃一惊的。"

🕐 美国马萨诸塞州波士顿，英国布里斯托尔，瑞士洛桑，现在

　　现在的机器人大多是由塑料、金属合金和复合材料制成

的——这些复合材料具有特定的性能，可以完成一定的功能。这些材料在自然界中是不存在的，它们是由几千年来发展起来的加工工艺制造出来的——铜、青铜和铁器时代的高温浇筑；钢铁时代（工业革命）的材料混合和控制冷却；当今塑料和半导体时代的复合材料的自动化加工。然而，这些材料的制造和废弃，对环境和人类的健康都造成了负面影响：它们耗尽了自然资源，损耗了能源，污染了空气、土壤和水。电子垃圾已经是公认的世界上增长最快的危险固体废弃物。[1]虽然机器人的生产和废弃只占信息产业的很少一部分，但机器人专家们已经开始研究用更安全、更健康的生物材料制造机器人了。[2]

生物材料和工程材料之间有两个关键区别：生物材料由更少的化学物质组成，在生长过程中自行组装，而工程材料可以包括很多种元素，是根据精确的工艺流程制造出来的。[3]生物材料的性能主要取决于生长过程中交织在一起的微观结构和形成的形状，而工程材料的性能则取决于组成它们的元素和加工工艺。

例如，植物可以通过许多不同的机制来移动它们的器官，即便它们已经死亡也没关系。这些移动主要来自生物材料由湿度、温度和光线引起的微观结构的变化。[4]渗透作用是一种化学过程，是指流体从浓度较低的溶液通过半透膜转移到浓度较高的溶液中的现象。植物经常利用这一现象完成各种动作。植物细胞的细胞壁由坚硬的纤维组成，它嵌在柔软的基质中，可以利用渗透作用向垂直于纤维的方向膨胀。膨胀方向不同的细胞多层叠加，可以产生弯曲和扭转。例如，松果在一天之内不同的时间会打开和关闭，就是它们的鳞片在不同的湿度下弯曲的结果。虽然这些动作与动物肌肉产生的动作相比，相对较慢，但有些植物的动作可以很快，例如捕蝇草迅速合上花朵的动作，或者含羞草的叶子突然合起来的动作。这些快速的动作是由植物器官表面的细胞产生的。它们将机械刺激转化为电信号，能迅速改变结构中细胞的渗透性，从而产生动作。工程师们从这些机制中获得灵感，开发出了利用渗透作用的执行器。它们由电脉冲触发或者由某种复合材料制成，这种复合材料在吸收和释放蒸汽时会产生弯曲。[5] 但模仿这些生物制造出的执行器是不能生物降解的，而且它们的动作是预先设计好的，不可更改，不像植物那样可以最终分解，并为环境提供营养物质；而且，当植物活着的时候，它们可以根据环境不断变化，并通过生长来自我修复。

为了向可生物降解甚至是可食用机器人过渡，研究人员们正在重新思考机器人的设计和运行的整个过程。他们直接从生物材料入手。例如，菲奥伦佐·奥梅内托（Fiorenzo Omenetto）在马萨诸塞州的塔夫茨大学（Tufts University）有一个实验室，几乎完全致力于研究蚕丝。这种有机材料的韧性和机械性能优于最好的人造纤维——比如凯芙拉纤维（Kevlar）。而且奥梅内托已经表明，蚕丝可以应用在各种场景中，从可生物降解的杯子到电子产品、光学传感器。他不依靠人工方式制造，而是从蚕身上收集蚕丝，混合添加剂后处理成需要的材料。他说：

归根结底，这是一个热力学问题。当你为了分析蚕丝这样的材料而将其分解成基本的组成物质时，你就必须为这个系统注入能量。这样蛋白质就会变质，失去它的特性。你没有办法逆转这个过程，获得原来的材料。在人造蚕丝领域有很多有趣的研究，但尚未取得能与天然蚕丝相媲美的产品。要模仿出这种材料的所有特性是极其困难的。从原理上讲，蚕丝的结构并不复杂，但细节决定成败。如果你只改变其中几个参数，比如蛋白质的确切长度或者结合域的位置，你就会失去这种材料的关键特性。

我认为使用有机材料和可生物降解材料的最大障碍是经济方面的考虑。因为还不清楚会有什么商业案例，而且你必须和成本效益很高的、可以大规模生产的材料（比如塑料）来竞争。你可以说塑料的很多坏话，但它很难被击败。但总的来讲，我们已经具备了制造可生物降解的机器人或可食用机器人（或至少只有部分零件不可食用）所需的条件。最大的挑战仍然在于，把电子元件和能量存储器整合到机器人当中，因为这部分是最难使用可生物降解材料的。这方面虽然有一些解决方案，但还没有最终成型。

在传统机器人的制造中，电子元件起着关键作用。但人们发现，有些食物材料具有电气性能，也可以用来制造可食用的甚至是有营养的电子元件。[6] 所有电器设备都由五种类型的电子元件组成：绝缘体（不允许电流流动）、导体（允许电流流动）、半导体（兼具绝缘和导电性能的材料，例如只允许电荷向一个方向流动）、传感器（将环境刺激转化为电流信号）和电池（能量存储）。

大多数主食，比如谷物、面包、油，以及明胶和干蔬菜，都是良好的绝缘体。它们具有不同的机械性能，适合不同的用途。

例如，米纸可以作为导线和连接点处的衬底，因为它薄而且柔韧；甘薯淀粉可以用作电阻器的基质，因为它可以做成各种形状；硬明胶可以作为多种可食用电子元件的基底，可以做成药片或者药丸的形状；可食用纤维可以做成面积更大的基底。

　　然而，食品材料的导电性能很少能达到传统电子产品的数值范围。大多数食品材料都没有导电性能，或者导电性能很差，只有碳化糖、碳化棉、碳化丝等例外，但它们的导电性能在最好的情况下也比金属丝小 10 万倍。然而，人们可以使用金和银。金和银无毒，可以加入到食物中❶，而且具有良好的导电性能，它们通常用于传统的电子产品中，用于导线和连接点处。特别是高纯度金（高于 23K 金）是一种常用的食品添加剂，可以通过消化道而不被吸收。如果黄金被排泄到环境中，它虽然不会被降解，但也没有毒性。它可以极少量地沉积在可食用的基底上，在各种可食用的材料上印刷出电路。还有很多食材，比如水果和蔬菜，可以传导离子而不是电子。离子可以在电解质溶液中运动。盐和酸溶解在液体（比如水）中，就形成了电解质溶液。这种类型的导电性可用于交流电。但为了释放离子，必须通过粉碎或蒸煮等手段打破细胞壁才行。

　　半导体在电子产品中有很多用途，比如发光以及将光能转换为电流。从植物和动物中提取出的几种天然色素，以及获得许

---

❶ 金和银如果想要达到可食用级别需要经过特殊工艺，一般市面上能够买到的金和银有毒，不可食用。——编者注

可、可以食用的人造色素，都显示出了半导体的特性。但人们对于它们在可食用的电子产品上的应用以及安全性的研究方面进展不大。[7]一些食品材料表现出压电特性，可以将机械力转化为电流。这种材料当中包括纤维素，它存在于许多蔬菜当中，比如西兰花和抱子甘蓝。

可食用传感器的制造需要多种食品材料的组合。例如，西兰花粉与明胶、可食用塑化剂混合在一起，可以按照你想要的形状和弹性，做出压电传感器；在这种压电传感器的两侧包裹上金箔做的电极，平放在一个扬声器的隔膜上，可以把振动转换成电流。这个可食用传感器可以感知人体肠道内的蠕动，并把对应的声音可靠地传输到放大器上。这种技术可以用来制作可食用的麦克风，用来诊断消化道疾病。[8]

虽然可生物降解和可食用的电子产品正在迅速发展，但我们还没有做出完全可食用的机器人。[9]正如奥梅内托强调的那样，可食用电池是最具挑战性的部件，因为很少有食物材料可以取代传统电池中不可食用的化学成分。此外，由于存储的能量与电池的质量成正比，低效的可食用电池可能会比机器人本身大很多。然而，人们对可食用电池的要求比对传统电池的要求低：它们的寿命只要几天就够了，具体的时间由可食用机器人的其他可食用部分在多长时间内腐烂决定。而在使用时，它们只需支持几分钟或几小时就够了。在机器人被吃掉或穿过胃肠道时，它们的输出电流一定要很低，以防吃它们的动物或人被电到。考虑到这些特点，研究人员们将注意力转向了超级电容器，它存储的电量更低，产生的电流更小，但充电速度比传统电池更快。例如，研究

人员向人们展示了一种可食用的超级电容器，每千克能储存 3200
瓦的电能。它由几层活性炭组成，每层之间由一层海藻隔开。中
间的电解质是佳得乐，最外层是奶酪，整个电容包裹在明胶当
中。[10] 另一项有发展前景的电池技术是微生物燃料电池。这种电
池由可食用的、安全的微生物制成，通过消耗可食用材料产生带
电离子。例如，以酿酒酵母——这种酵母以葡萄糖为食——制成
的微生物燃料电池能够在两天内产生 0.39 伏特的电压，但它包含
了一个不可食用的质子交换膜。[11]

人们已经发现，微生物燃料电池产生的间歇性电流脉
冲，足以驱动机器人的执行器。[12] 据我们所知，布里斯托大学
（University of Bristol）的鼻涕虫机器人（Slugbot）是第一个为了
验证这一概念而生产出来的机器人。它可以捕获有机材料——特
别是鼻涕虫，并从它们腐烂发酵的身体中获取电能。人们之所以
选择鼻涕虫，是因为移动缓慢的机器人更容易逮到它们。而且，
人们认为鼻涕虫是农业害虫，因此引起的道德问题较少。鼻涕虫
机器人是一个四轮机器人，有一个可移动的手臂，上面装有摄像
头。它被《时代》杂志提名为 2001 年的最佳发明之一。当它在
生菜地里移动时，它用手臂扫描地面，由计算机视觉算法发现鼻
涕虫，并吸入体内。这些鼻涕虫被储存在一个容器中。机器人定
期返回位于现场的发酵及充电站。[13] 同样是这个研究小组，还开
发出一款系列生态机器人（EcoBot），它们自带消化系统和动力
系统。最新款的生态机器人Ⅲ号（Ecobot-Ⅲ）有 48 个微生物燃
料电池，它们排列在一个圆柱形结构上。这些燃料电池的原料是
腐烂的苍蝇和水。机器人沿着一个轨道移动，两端有两个补给

站，一个装水，另一个装腐烂的苍蝇。微生物细胞产生的能量足以驱动机器人在它们之间来回运行。[14] 最近，他们还设计了一种划水机器人（Rowbot），为它提供动力的微生物燃料电池以废水为原料。[15] 这款机器人长 20 厘米，有 4 条不能移动的腿，顶端带有聚苯乙烯球。靠着这些球的浮力，机器人可以漂浮在水面上。它的两侧有桨，可以划水前进。机器人前面有一个开口，可以打开为微生物细胞收集废水，机器人后面还有一个废气出口。微生物燃料电池是和机器人分开制造的，它产生的能量比机器人需要的更多，但机器人和微生物燃料电池并没有集成在一起做过测试。

最近，研究人员不断尝试用其他方法来驱动可食用机器人。例如，利用爆米花受热后产生的快速膨胀可以制造一次性的机器人执行器。[16] 人们把爆米花颗粒装在一根管子中，管子的两侧弹性不同。当嵌入的丝状加热器加热到一定程度时，结构就会发生弯曲。三根这样的爆米花管子可以在加热时抓住一个球，但这个动作是不可逆的。明胶是一种来自动物的蛋白质，通常在食品制造行业中用作凝胶剂，或在制药行业中用作药物胶囊，它因其多功能性而引起了机器人专家的广泛关注。[17] 当把明胶浸入带有电荷的溶液中时，它会显示出电活性。再加上电场后，它就会弯曲。[18] 人们可以把明胶与水或其他可食用材料混合，获得所需的黏稠度和弹性。例如，我们在洛桑联邦理工学院的实验室中，就将明胶与甘油混合，制造出了一种可食用的气动夹持器。这种夹持器的机械性能和执行器的周期与传统的柔性夹持器相似。[19] 它的两根手指类似"瑞士三角巧克力"；当气压达到 25 千帕时，它

们会立即弯曲 180 度，牢固地抓起不同形状和硬度的物体，比如
苹果、橘子和乐高积木等。在另一个例子中，麻省理工学院的研
究人员用明胶和甘油做了一个结构，其中有一个反应腔，里面装
满了反应物粉末，还有一个用作排气的狭缝。[20] 当用注射器把
水注入反应腔时，反应产生的气体会导致这个结构变形，打开狭
缝并释放出气体，然后再恢复回原来的形状。这篇论文的作者表
示，如果把两个这样的圆柱形结构组合在一起，把反应腔安装在
相反的位置上，就可以让这个结构滚动起来。尽管如此，在撰写
本书时，对于如何生成连续不断的持续运动，仍然是一个尚未解
决的问题。

 中国湖南，2051 年

哈维尔觉得似乎这辈子都没有这么饿过。看看今天早晨他们
都做了些什么——凌晨 4 点起床，坐了三小时的公交车从会议中
心赶到公园，坐上吉普车游览公园，并在阳光下走了几千米的
路。他打算狼吞虎咽地吃掉盘子里的任何东西，但他对端上来的
菜肴却没有做好充分的准备。

当服务员把盘子放在他面前时，盘子里放了十几块各种形状
的东西，沿着盘子围成一圈；有些是几何形状的，有些是不规则
形状的，有些看起来像面包，有些像果冻，还有些像奶酪、土豆
和肉。当服务员用滴管在每个盘子上滴上一滴水时，这些东西很

快就活了，开始在盘子上旋转和移动，组成了一个看上去像微型森林景观的东西。"我们想用菜肴呈现出饮食风味和食材所在的生态系统。"服务员说。

在他们桌子旁边，是餐厅著名的主厨宋先生。哈维尔几个月前曾在一本高级餐饮杂志的封面上见过他。他正在向他们解释盘子里发生的事情。"在您的盘子里，是森林。"他对哈维尔说，然后转向科琳娜，"对您来说，夫人，您的盘子里是一个独特的地方。在这里，河流与海洋交汇，淡水和盐水混合。"科琳娜看着盘子里的食物，它们正在形成一个三角洲的形状。"您的是山脉之间的谷地。"他愉快地对阿雅说。"而您的，"他对胜雄说，"当然是大海。"胜雄面前是一只深碗，而不是盘子，食物在里面游来游去。比起他的同伴，胜雄似乎更镇定，似乎没有被他面前的食物吓到。毕竟，在亚洲的一些饮食文化中，生吃鱼、虾或其他海鲜相对常见，在某些情况下，有些食材——比如章鱼和虾——在吃的时候还在动。至于梅，她显然在这里吃过几次饭，所以只是专心地欣赏着客人们对菜肴的反应。

"这些是采用了机器人技术的食物，"主厨继续说，"可以说是你们在公园里看到的那种技术光谱的另一端。依靠这种技术，梅和她的同事们制造出了可以移动并被真实动物吃掉的人造动物；而依靠同样的技术，我和我的团队制造出了可以活动的食物。当它们接收到来自环境的物理和化学信号时，就会移动、改变形状、质地和颜色，无论它们是在盘子里、嘴巴里还是你们的肚子里。我们从食物中提取出核心成分，比如碳水化合物、淀粉、蛋白质、脂类，用它们制造活动的部件或小型传感器，并把它们放到各种

结构当中去。这些结构有时看起来像传统的食物，有时看起来像全新的东西。我们对它们进行编程，让它们在端上餐桌时做一些有趣的展示——或者只是在你的嘴里完全释放出它们的味道。"

"非常荣幸，我们能请到宋先生来到我们这个小餐馆，"梅说，"你们可能已经听说了，他上个月被授予米其林二星厨师的称号——他是在采用机器人技术的食物（robotic food）领域首位获得这一荣誉的厨师。"

"这当然是一个很大的荣誉，"宋先生说，"我之所以能获此殊荣，主要是因为这些技术正在被饮食文化所接受。起初，它遭到公众的强烈反对，就像 20 世纪末费兰·阿德里亚（Ferran Adria）的分子美食一样。但到了 21 世纪初，他在西班牙的餐厅获得了一个又一个奖项，现在这种烹饪方法已经很常见了。我们希望在美食领域继续创新，并打破最后一个障碍：让食物变成能动的而不是静止的东西。"

🕐 瑞士洛桑，美国马萨诸塞州波士顿，澳大利亚伍伦贡，现在

人们在食品行业使用机器人已经有一段时间了，从机械人收割，到自动化清洗和加工，再到机器人包装以及利用地面及空中交通工具自动配送做好的菜肴。如今，在食品行业使用机器人主要是为了加快食物从田间地头到餐桌的运输速度，改善卫生状

况，降低成本。也可以通过各种计算机驱动的 3D 打印技术打印食物[21]，以获得复杂的纹理和口味，并通过应用程序定制个性化食谱。[22]

但在我们的设想中，将机器人技术直接应用到食物中，可以让原始食材恢复活力，为顾客带来新的体验，解决营养吸收和消化不良等问题，并减少浪费，促进食物来源的可持续化。采用了机器人技术的食物能对环境刺激做出反应，呈现某种状态或做出一系列动作，比如移动，变换色彩、质地和味道，或更复杂的动作，比如自我组装成新的超级食品。为了实现这个目的，我们最近汇集了各个领域里的专家，包括可食用电子元件、可食用执行器和食品生产方面的专家，启动了一项长期的合作研究计划。[23]我们预计，在可食用机器人和采用了机器人技术的食物之间，有许多技术和设计原则是相同的。不过，采用了机器人技术的食物主要是为顾客提供健康、开胃的营养物质。此外，可食用机器人主要在开放环境中运行，而采用了机器人技术的食物主要在厨房、家庭、餐桌以及在我们或动物的嘴里发挥魔力。

我们离虚构故事中描述的场景还很遥远，但已经看到了一些希望。麻省理工学院媒体实验室的研究人员开发出了形状可以变化的食物，比如用明胶做的纤维素薄膜和用面粉做的通心粉，它们可以在烹饪时从平面薄膜折叠成复杂的三维形状。[24]它们的原理类似于本章前面说过的植物的运动：扁平的意大利面条上带有凹槽，当放入沸水时，会产生不对称的膨胀，从而形成复杂的三维图案，在视觉上更吸引人，也更容易裹上酱料。[25]此外，由于这种意大利面是扁平的，所以它比传统的立体意大利面更方便包装和运输。研究人员们还在一个平面薄膜上覆盖了一层纳豆细胞，在适度的驱动下，这个薄膜可以折叠。纳豆是日本的一种常见食物，当接触热茶或人呼出的蒸汽时，会膨胀变形。[26] 这个研究小组发布了一份有机食材的大致清单，当这些食材与特定酸度的溶液接触时，会改变形状、颜色、气味和味道。这些技术都有利于采用了机器人技术的食物能与人类产生更多的互动并提供更多的美味。[27]

我们很快就能在餐馆里吃到能在汤里游泳的食物了。麻省理工学院机械工程系的研究人员和 ThinkFoodGroup 公司的烹饪专家们从半水生的昆虫中获得了灵感，这些昆虫通过释放微小的脂肪液体推动自己在水中前进。脂肪液体减小了水的表面张力，昆虫就会被拉向表面张力更大的水域。烹饪专家们首先做出可以漂浮在非酒精饮料上的、美味的、可食用的微型容器；然后，工程师们让这些容器释放出高浓度酒精，它们就可以在饮料表面移动了。[28] 有一种鸡尾酒小船只有 1.5 厘米长，里面装满了巴卡第朗姆酒（75% 的酒精浓度），可以在杯子里游动两分钟。

将机器人技术应用在食物中是一个新兴的、很有前途的研究领域。不过到目前为止，研究人员们还在试验如何把可食用的和不可食用的材料结合起来。在食物中使用不可食用的材料并不是最近的发明：这些材料经常用于装饰和娱乐，例如生日蛋糕上的蜡烛。澳大利亚伍伦贡的研究人员开发出一种互动式早餐"面包板"（在电子工程中，面包板是一种带有多排插孔的平面底座，用于设计电路的原型）。他们用早餐吃的马麦酱（Marmite，一种很好的离子导体）在一片烤面包上印刷出一个电路，然后从外部不可食用的电池中获取电流，开关 LED 灯。[29] 我们可以想象，在未来，孩子们可以在富有营养的早餐面包上学习并画出电路图了。在东京，研究人员们把咖啡和茶等普通饮料变成了交互式的显示器。他们能够在这些饮料表面产生小气泡，形成图案，与喝饮料的人交流。研究人员们在杯子底部放上外部供电的电极矩阵，通过电解作用在饮料表面产生气泡。[30] 通过编程，可以把这些"气泡像素"变成显示器。把它与外部摄像头相连，可以在液体表面显示出喝饮料的人的脸。[31] 我们可以想象在未来会有一种智能电子设备，可以测量饮料的各种属性，比如酒精的含量和饮料的多少。当你喝到一定量会影响安全驾驶时，它就会警告你，或者告诉你一些其他的互动信息。有些日本的研究人员和艺术家们开发出了一种机器人，叫作"垂死的机器人"。它的身体是某种蔬菜，躺在发酵米糠上，并与一个不可食用的柔性执行器相连。[32] 当机器人被激活后，会在发酵的米糠中扭曲和搅拌，用蔬菜做成的身体会逐渐发酵和降解，在慢慢死亡的同时也变得更美味。在洛桑联邦理工学院、洛桑艺术学院和洛桑酒店管理学院的最近一次合作中，我们改进了前面讲过的可食用夹持器的明胶 / 甘油配方。我们添加了香料和颜料，让这款夹持器更加可口。我们后来又用这种糖果味的材料做成了一个花朵模样的糕点，把它连接到一个气瓶上，气瓶的压力会使花瓣打开，这样人们就可以吃到它们了。到今天为止，把机器人技术应用到食物当中都还是一些实验性的探索，人们希望探索出一种新的互动方式和烹饪体验。然而，随着更多的、能够完成各种功能的可食用材料的出现，以及更多的设计方法的出现，这种食物能为我们带来更多的

营养和健康。我们相信，这种技术同时也能为动物带来更多的好处。例如，让宠物食品更好吃，同时减少不健康的成分；或者为野生动物提供药物或疫苗。

🕐 中国湖南，2051 年

在餐厅里，即使是最挑剔的客人也已经爱上了这种用机器人技术制造的食物。它们已经不能用美味来形容了，它们在嘴里的表现比之前在盘子里的表现更令人印象深刻。食客们从未品尝过如此丰富、令人陶醉而又层次分明的味道。每一口都对应着一系列的感觉，这些感觉似乎都是按照正确的顺序出现的，每一次新的味道都是对前一次味道的补充。正如主厨宋先生解释的那样，执行器是由咀嚼和口腔中的化学环境触发的，执行器会刺破嵌入食物中的微食材气泡，并以精确的顺序释放出它们的内容物。

酒足饭饱让每个人心情大好，谈话的内容很快就从公园的动物和餐馆的菜肴转到了它们的哲学意义上。

"真假的区别还有意义吗？"阿雅激动地问，"我的意思是，今天早上，我们已经很难分辨什么是真的、什么是假的了。我们在这里看到的那些猎物可以四处走动，探索环境，以其他有机物为食。这就是生物做的事情，不是吗？"

"但它们不能繁殖，而且只需动动手指就能关掉或者开启，这是你在真实的生物身上做不到的。"梅说道。

"当然，"科琳娜接着说，"但如果加上其他技术，事情就变得不那么明确了。比如那种群体机器人……我都不知道它们的名字，蝌蚪机器人？就是人们在泰国海滩上清理微塑料颗粒的那种机器人。它们完全由青蛙的细胞组成。这些细胞和真正的细胞一样，由相同的新陈代谢过程维持，并且或多或少能像真正的细胞一样相互交流。一旦你杀死了某个机器人，那就是杀死了，没有办法让它起死回生。在我看来，它们就是活着的东西；只是没有经过进化的过程。"

"它们是一种可能的生命形式。"梅打趣道。在座的很多人都知道这句话的出处，它来自人工生命领域的创始人克里斯托弗·朗顿（Christopher Langton）。他在 20 世纪 80 年代写道，人工生命（当时的重点是用电脑模拟生物体）不仅有助于理解生命的本来面目，也有助于理解生命的可能面目。[33] "那时候你们这些人还没出生呢，"梅笑着说，"当时我还在上高中。我记得那时读了第一篇关于异种机器人（Xenobot）的论文，那应该是一个转折点。从那时起，工程学和生物学之间的关系就发生了永远的改变。事实上，这些论文对我的研究也有很大的启发。如果没有它们，我可能不会做现在的工作。"

🕐 美国佛蒙特州伯灵顿，现在

自 20 世纪 90 年代初以来，机器人专家一直在考虑利用生物

体的感官运动能力来制造机器人，让这些机器人同时发挥生物世界和人工世界的优势。例如，东京大学的科学家们在轮式移动机器人身上，用蚕蛾的触角做了一个灵敏的气味探测器。[34] 来自生物传感器的电信号被转化为数字信号，传递给人工神经元网络，来帮助机器人像昆虫一样追踪气味。几年后，这个团队又制造出了世界上第一个半昆虫机器人：它是一只植入了电子背包的蟑螂，可以远程遥控。[35] 这个电子背包里有一个无线接收器、一块锂电池、一个微控制器和两个电极（用来刺激蟑螂左右触角上的神经束）。驱动程序利用了昆虫本能的躲避行为：它们会朝着与受到刺激的触角相反的方向移动。研究人员们还在蟑螂身体的两侧各装了一个光电传感器，这样就可以让它沿着地面上的黑线移动了。如果光电传感器能检测到黑线，电子背包就会刺激相反方向的触角，来引导蟑螂走回正轨。然而，这种半昆虫机器人不是很可靠，因为背包产生的刺激与生物触角通常接收到的信号在振幅、频率和模式上都不一样。在过去的二十年里，这些技术上的障碍逐渐被克服。最近，新加坡南洋理工大学的一组研究人员称，他们在一只 0.5 克重的甲虫身上植入了一个 0.45 克重的电子背包，并能利用无线遥控操控这只昆虫 5 天，让它以平均每秒 4 厘米的速度行走 1.15 千米。[36] 电子背包的小型化以及对电刺激的深入理解，使科学家们能够更好地评估昆虫受到刺激后的反应，甚至可以让昆虫向后移动。操控的整体可靠性达到85%。虽然这些半生物机器人可以在一些情况下帮助人们来拯救生命，比如在废墟中进行搜索和救援，但它们也可能会引发伦理问题。

关于利用生物体的感官运动能力的另一种方法是利用生物细胞的内在特性。这里的目标是制造某些功能性器官，比如由细胞聚合物制成的肌肉和传感器，然后把它们集成到机器人当中。例如，哈佛大学的研究人员就开发出了一款肌肉薄膜。它是由一层可以自发的、有节奏收缩的心脏细胞组成的。这些细胞放在一块由细胞外蛋白质覆盖的有弹性的平面上加以培养。[37] 几个小时内，这层心脏细胞就会相互连接并同步收缩，从而产生整体结构上的协调运动。人们可以定制肌肉薄膜的形状，用于在地面上运动或在水中游泳。哈佛大学的另一组研究人员后来开发出一款游泳机器人，它由四层这样的心脏细胞提供动力，结合了两种收缩运动来模仿鳐鱼的游泳方式：一种是沿着前后轴像波浪一样运动；另一种是从中心向外扩展的径向运动，可以用于转向。[38] 经过生物工程改造的心脏细胞会对蓝光做出反应，并产生离子流。离子流会让细胞收缩并传播到相邻的细胞。最终的机器人身长只有 2 毫米（真鱼大小的 1/10），能够以平均每秒 1.5 毫米的速度游过 250 毫米的距离。此外，机器人还可以沿着投射在水中的蓝光在泳池中行进。

然而，心脏细胞有节奏的收缩并不适用于所有类型的运动。伊利诺伊大学香槟分校（University of Illinois at Urbana–Champaign）和麻省理工学院的研究人员提出了一种方法，通过 3D 打印制作出由骨骼肌细胞驱动的半生物机器人。骨骼肌细胞仅在受到电刺激时才收缩，这样人们可以仅在需要的时候才精确控制它的运动。[39] 该机器人由两部分组成：一部分是 3D 打印的桥梁结构，它的两端有两个刚性支柱，中间由一条柔性横梁连接；另一部分是凝胶基质。凝胶基质连接两个支柱的底座，里面充满了骨骼肌细胞和纤维蛋白胶原质溶液。接着，研究人员在细胞基质中注入生长素，使骨骼细胞通过纤维蛋白相互连接并形成肌肉纤维束，这一过程与骨骼肌纤维形成的真实过程相似。由此产生的肌肉纤维束在受到电刺激时会收缩，导致整个桥梁结构呈现拱形。研究人员发现，通过调整两个支柱的弹性，使其中一个的弹性更大，就能让机器人爬行。一个 5 毫米身长的机器人，能够以每秒 0.15 毫米的速度爬行。有趣的是，在自然界中，骨骼肌细胞也连接到其他类型的生物细胞上，比如神经细胞。这一点可以在未来用于制造具有生物神经系统的更复杂的半生物机器人。

　　然而，与生物有机体相比，这些半生物机器人仍然存在传统机器人的局限：它们无法适应不同的环境，没有新陈代谢系统来摄入并产生能量，它们在受伤后不能自愈。这时就轮到异种机器人登场了。它是由来自非洲爪蟾的胚胎干细胞和肌肉细胞组成的具有生命的机器人，是佛蒙特大学（University of Vermont）的机器人专家乔什·邦加德（Josh Bongard）和塔夫茨大学的生物学家迈克尔·莱文（Michal Levin）合作制造的。异种机器人由多种细胞组成，它的形态是计算机算法计算出来的。[40] 计算机算法模拟进化过程，设计出可以完成一定功能的机器人。这些机器人完全是由多功能的活体细胞组成的，它们可以移动、自己产生能量、交流并适应周围的环境。

　　邦加德是一名训练有素的计算机专家，他还合著过一本关于仿生学机器人的富有创见性的书，他将制造异种机器人的工作描述为一种"智力上的大胆之举"。特别是和他的生物学家的同事相比，这种勇气更加明显；他愿意提出以前很少有生物学家提出过的问题。[41]"细胞，即使不是神经元细胞，也会通过电信号进行交流，"他说，"我们现在发现的是，通过重新排列生物组织，可以重新安排小块组织上的生物电信号通信；我们可以将这种形态学上的重新排列视为一种编程。这与训练动物或者神经元网络的方法非常不同，它不是靠影响神经突触的可塑性来达到目的的。但这种方法仍然是一种高级语言的编程形式，只不过这是一种非常不同的编程形式而已。"

研究人员先在计算机上建立一个模型，代表一个三维的细胞结构，其中细胞的数量、在空间中的位置和每个细胞的特性（例如，是起支撑作用的细胞还是起运动作用的细胞）都被编码为一串数值，这串数值就是计算机模拟的机器人生命体的人工基因组。从这里开始，计算机创建出 100 个不同的基因组，代表 100 个不同的模拟生物，每个都因为细胞的布局和种类不同而显示出不同的行为。研究人员会定义一种性能测量的方法，也称适应度函数（fitness function），并让计算机评估模拟环境中机器人的行为，选择最佳的机器人进行繁衍。在繁衍的过程中，计算机会制造基因轻微突变的副本，数量与它们的适应性成正比，以创造下一代的机器人。然后计算机再评估这些机器人，只有最好的才能继续繁衍和变异。经过多代的选择、繁衍和变异，人工进化会获得适应度最高的机器人形态。研究人员根据四种不同的适应度函数——分别为运动、物体操作、物体运输和集体行为——重复进行进化实验。然后，他们在每个领域中找出进化最好的个体，获得它的基因组，并按照这个基因组，用非洲爪蟾的胚胎干细胞和心脏细胞组装出异种机器人。最后，这种用机器设计出来的生物被放在装满水和颗粒的小盘子里，继续生存 10 天，它们在这个环境里会表现出已经进化出的那些行为。由于模型与现实之间的差异，当生物体的行为与计算机模拟中观察到的行为不同时，研究人员就会修改计算机模型，把现实中观察到的约束条件加入其中，并再次进化，获得异种机器人的新形态，使它的性能变得更好。异种机器人的研究人员使用的这种自动化的设计方法，也被称为进化机器人技术（evolutionary robotics），经常用于寻找复杂机器人系统的解决方案，比如涉及神经 / 形态 / 感觉 / 运动等方面的机器人系统。[42] 在一些例子中，人们可以先用 3D 打印机打印出进化机器人的结构，然后再向其添加进化机器人的控制系统。[43]然而，异种机器人是机器进化技术设计出的第一个有生命的机器人。邦加德说：

> 关于异种机器人最令人兴奋的事情之一就是，它提供了一种研究生命的方法——这是人工生命领域的创始人克里斯托弗·朗顿说的话。近 30~35 年来，大部分关于人工生命的研究都局限在简单的计算机模拟上。现在我们有更好的技术操作活体组织，我们可以用活体组织来解答很多问题。我们能创造出与进化过程截然不同的生物体系吗？我们能走多远？这将是我们从进化论和生物学中学到最多东西的地方。如今在进化机器人领域，人们的想法是在机械部件、传感器、马达以及电池上运行进化算法。对我来说这有些讽刺。因为这些东西很笨拙；虽然是模块化的，却又

不太擅长与其他东西配对。我们采用这种策略已经取得了一些成就，但我们在非洲爪蟾的组织上使用进化算法，只用一年的时间就达到了现在这种程度，这改变了游戏规则。

在最近的工作中，这两位作者又探索了异种机器人的自组织能力。[44] 在实验中，他们并没有根据进化算法给出的基因组组装细胞，而是从非洲爪蟾的胚胎中切除了一块未分化的干细胞组织，并将它们放在水溶液中愈合一小时，然后再培养四天，直到它们形成一个大约由 3000 个细胞组成的圆形。这些细胞组成圆形后，就开始旋转并向前运动。它们的运动是由边缘细胞上的纤毛驱动的。当异种机器人的身体被割伤时，它可以在短短五分钟内自我愈合，恢复到原来的形状，并继续运动。此外，当把许多异种机器人放置在一个小盘子里，并在盘子里放上没有活动能力的细微颗粒时，机器人就会捕获这些颗粒并将其堆积起来。人们在蚂蚁身上也看到过同样的集体行为，这是可以自主活动的生物和无法自主活动的粒子之间相互作用的结果。

"异种机器人的第一个应用是典型的机器人应用，"邦加德说，"因为我们使用的是爪蟾的干细胞组织，所以我们希望异种机器人可以检查水下机械，比如潜艇发动机、过滤器和波浪发电站。它们可以随着水流进入水下机械，并报告污垢、损坏、磨损和堵塞的情况。这是相对简单的应用。你可以在我们的论文中看到一些提示，我们使用了红色和绿色的荧光，原则上异种机器人可以看到它们，记住它们，然后返回并告诉我们。"

另一个应用是环境修复。"这些东西似乎能抓住非常小的颗

粒。它们可以在土壤中发现污染物,并将其带到地面,或者从水中清除微塑料颗粒。"当然,邦加德承认,在这一点上,我们需要非常详细的监管措施,因为这么做会在生态系统中释放新的生物材料。

不过,邦加德指出了一个重要的方面,半生物机器人不能繁殖。因为这一点,利用这项技术批量生产很困难,但也使它比转基因生物(比如吃塑料的细菌)更容易控制。"对于异种机器人,我们可以考虑为它增加生殖能力,但要以更可控的方式增加。我们可以设计和引导它们的繁殖行为,让它们只能在非常受控的条件下才能繁殖,而且用一个非常简单的开关就能关掉这个功能。当然,一旦你做了这件事,异种机器人就有可能开始进化了,而进化的过程很可能会让那个关掉生殖功能的开关失灵。所以这件事还不够安全,但我认为它比基因工程更安全。"在说出这段话的几个月后,邦加德和莱文的研究团队就报告了首例可以自我繁殖的异种机器人。[45] 研究人员们先在计算机中模拟了一种异种机器人的细胞组合的进化过程。这种异种机器人能够吞噬其他细胞,类似于吃豆人游戏(Pac-Man),并将它们复制成自己的样子。然后,这些相同的副本会从母体中脱离出来,并以同样的方式进一步自我繁殖。计算机算出基因组以后,研究人员按照这些基因组制造出半生物异种机器人。这些机器人表现出相同的行为,可以一代接一代地自我繁殖。

⏱ 中国湖南省，2051 年

　　他们边吃边聊已经快一小时了。试吃套餐上的菜肴越来越令人惊讶，不时打断他们的谈话。午餐的最后一道菜是冰激凌甜点，它的的确确是在他们眼前从一堆室温下的食材中变出来的。看到桌子上这么多鲜活灵动的食物，大家的讨论更加深入，也更加关注用生物材料制造机器人并将它们释放到环境中的意义和伦理问题。

　　终于，一行人对梅带给他们这么精彩的体验和午餐表示感谢，和她握手道别，走到了外面。事实上，要想赶上下午晚些时候的会议的话，他们必须现在就坐上公交车。他们就是因为这次会议才来到湖南的。这次会议是世界上最大的仿生学科技会议，十年前开始举办，目的是鼓励工程师和生物学家之间的交流。在当时，工程师和生物学家还是两个不同的学术群体，他们之间的区分还有意义。而现在，大多数参会者——包括他们四个人在内——都说不清自己算是工程师还是生物学家。他们只是使用他们能找到的任何工具来研究和建造智能系统的科学家而已。

10

第十章

如何和机器人竞争

在这本书中，我们一直没有提到"机器人"（robot）这个词的来源。我们的一些读者可能已经知道，这个词来自捷克作家卡雷尔·恰佩克（Karel Čapek）的一部科幻舞台剧《罗素姆万能机器人》（*Rossum's Universal Robots*）❶。该剧创作于 1920 年，并于次年在布拉格首次上演，它描绘了想象中在 2000 年的未来场景。在那时，一种被称为"机器人"的人造生物价格低廉且无处不在，被用来取代世界各地工厂中的人类工人。剧中的机器人不是机器，而是人工合成的人。人类掌握了一种神秘的化学物质，可以利用它制造活体组织，并迅速生成完整的生物体。因此，人类可以大量制造这种人造人。恰佩克使用的 robot 这个词源于斯拉夫语的 robota，原意是在封建制度下被迫从事繁重义务劳动的农民。这部剧的结局对人类并不美妙：机器人反叛并统治了世界，在这个过程中杀死了几乎所有的人类。但在机器人反叛之前的一段时间里，人们似乎很高兴，因为他们终于从工作中解脱出来了。剧中提到了一段插曲，就是在剧中的故事发生前，美国工人因为被机器人抢走了工作，抵制并砸毁了机器人——但作者暗示，其他人类站在机器人一边，甚至武装了机器人来对付叛乱者。

换句话说，从一开始，之所以使用"机器人"这个词，就是

---

❶ 东西文库，2013 年，白渊、马竞、Mello 译。——译者注

想着用机器人取代人类的工作。即使是恰佩克，尽管他对自动化技术的后果持相当悲观的态度，但似乎也认为人类从总体上会乐于放弃工作，至少在短期内是这样的。

一个世纪后，恰佩克对机器人和人工智能的担忧，认为它们会统治人类并将人类变成奴隶的看法，仍然是科幻小说的热门主题；不过，大多数科学家都把它视作无稽之谈。尽管如此，对于自动化引起的各种社会变化，人们仍然忧心忡忡。工程师、经济学家和社会学家们对此进行了激烈的辩论——他们中大多数人都认为，用机器人大规模取代人类工人的过程不会那么顺利。

有几本畅销书将未来的几十年描述为"机器人崛起"的时代或者人类"与机器赛跑"的时代；而且，我们时不时就会看到各种预测，说自动化会使多少人失去工作。

技术变革影响人类的工作并不是什么新鲜事。在恰佩克写出那部舞台剧之前，历史上已经有了很多的例子，而且贯穿了整个20世纪。"勒德分子"（*luddite*）一词源于19世纪初英国纺织厂的工人反对（并捣毁）新引进的机械技术的运动，如今已经成为反对新技术的同义词。20世纪初，发达国家的农业机械化导致大量劳动者转移到其他领域：在农场和农田里工作的美国劳动者比例从1870年的50%下降到1980年的4%，这主要是农业机械化的结果。

纵观人类历史，技术既创造了就业机会，也摧毁了就业机会。电话技术在早期创造了接线员的工作，在几十年后又被自动交换机取代。打字机催生了打字员这一职业，但打字机后来又被个人电脑取代。不过，总体而言，净余额还是正值；也就是说，新职业总是越来越多。科学技术——特别是与第一次和第二次工业革命相关的两波惊人的创新——加速了经济增长，达到了人类历史上前所未有的速度。机器确实取代了一些以前由人类完成的工作（勒德分子的说法多少有一些道理），但它们创造了更多的新的就业机会。采用了自动化技术的纺织厂可以生产更多的产品，而且价格更低。它们卖出去的产品越多，规模就会越大，最终会雇用更多的人来操作纺织机或者完成纺织品生产的其他工作。电气化和内燃机在 20 世纪早期使数百万人失去了农业领域的工作，但它们同时也在工业领域创造了新的就业机会。美国的失业农民搬到城市，成为工厂的工人。这些变革没有一次是顺利的。事实上，这些变化往往是残酷的，而且并不总是越变越好。在 20 世纪的几个时间段当中，经济衰退导致数百万人失业并失去收入。但总体而言，前两次工业革命中的技术变革并没有直接导致长期的大规模失业。

但是，第三次工业革命——由计算机和信息技术带来的革命——以及我们在本书中描述的基于先进的人工智能和仿生学技术的第四次工业革命又将如何呢？根据几位有影响力的作者的说法，这次的技术变革对就业的影响将非常不同。

在恰佩克式的世界中，人类不再需要工作。在最早提出这一概念的作者当中，杰里米·里夫金（Jeremy Rifkin）于 1995 年出版了《工作的终结》（*The End of Work*）一书 ❶。[1] 里夫金是一位社

---

❶　上海译文出版社，1998 年，王寅通译。——译者注

会活动家和社会评论家，他因对未来的远见卓识和极端观点而闻名。他指出，在前两次工业革命中，被取代的都是体力劳动。人类仍然可以通过教育——对自己的教育或者对后代的教育——来从事机器无法胜任的工作。20世纪下半叶确实出现了劳动力从工业领域向服务业领域的大规模转移。但随着第三次工业革命的到来，机器也开始接手一些需要认知能力的工作。不仅仅是蓝领的工作，它们也威胁到了白领的工作。里夫金看到一个新的时代即将来临，"在这个时代里，我们只需越来越少的人工作，就能为全球的人口提供产品和服务"。他甚至为应对这一巨变提出了政策建议——从缩短每周工作时间，为更多的人提供就业机会，到政府大规模补贴慈善组织和社工组织，同时帮助那些在技术变革中处于劣势的人，让人们一直有事可做。这本书是里夫金在20世纪90年代中期写的，那时互联网还没有兴起，而人工智能也没有在上一代神经元网络和深度学习的帮助下取得近来的发展。他能预见到几十年后变得越来越重要的话题，这一点也确实值得称赞。

在21世纪10年代，认为机器将彻底改变（也许不是完全终结）人类工作的观点成为主流。2011年，由麻省理工学院的两位教授埃里克·布林约尔弗森（Erik Brynjolfsson）和安德鲁·麦卡菲（Andrew McAfee）合著的《与机器赛跑》（*Race against the Machine*）❶一书是那个时期最有影响力的图书之一。[2]在他们看来，

---

❶　电子工业出版社，2014年，译言出品。——译者注

推动这一转变的主要引擎是摩尔定律。这个定律最为人熟知的形式就是对集成电路发展的预测——单个设备上可安装的晶体管数量每 18 个月将翻一番。这意味着计算机的性能会以指数级的速度增长。因此，两位作者预测，无论计算机的性能在过去几十年里有了多么惊人的增长，我们还只是起步而已。为了解释其中的原因，他们引用了一个古老的故事：一位皇帝想奖励国际象棋的发明者，问他想要什么。发明者回答说想要大米，数量按下面的方法计算——棋盘的第一个格上放一粒，第二个格上放两粒，第三个格上放四粒，以此类推，每个方格上的大米都增加一倍，直到放满棋盘上的方格为止。皇帝同意了，认为自己在这笔交易中占了便宜，结果却发现指数级增长的危险性（这则轶事在新冠疫情期间再次流行起来，用来解释感染病例如果呈指数级增长会有多么可怕）。布林约尔弗森和麦卡菲认为，计算机和人工智能已经填满了上半个棋盘，现在该填下半个棋盘了。而到了下半个棋盘，每一次进步都比之前任何一次进步的意义要重大得多。因此，两位作者预测，机器（实际上是计算机和人工智能）将很快取代人类，在服务行业承担起越来越多的工作——完成关键的客户服务环节，完成咨询工作和其他仍然被认为需要人类的工作。

这两位教授不像里夫金那么悲观。他们确实认为，21 世纪头十年美国失业率的增加是自动化技术带来的结果，但不认为人类的工作即将终结。在他们看来，人工智能最终会提高生产效率并促进增长，催生新的行业，并最终为人类带来更多的就业机会。然而，他们估计这还需要时间。会有一到两代的低技术工人被夹在其中，没有时间来适应变化。人类将最终赢得"与机器的比

赛"，但一些工人目前正在输掉比赛。和里夫金一样，两位作者
也提出了一些补救措施：鼓励公司在组织结构上创新，让企业家
找到创造性的、同时也能带来利润的方式，让中等以及低等技能
的工人们与先进的技术一起工作，创造出比各部分简单相加之和
更大的成绩。还有教育、教育、再教育。他们认为，在线课程和
其他新出现的教育技术可以比过去更快地培训出数以百万计、覆
盖所有年龄段的学生，特别是教会他们成为创新的领导者。他们
要培训的是技术的设计者，而不是使用者。

    但在《机器人时代》（*Rise of the Robots*）[1] 一书中，作者马
丁·福特（Martin Ford）认为这次的变化不一样。[3] 他指出，从
第二次世界大战结束到 1970 年，大多数西方经济体的生产率和
收入保持了同步增长。在这段时间里，科学技术提高了生产率，
为企业家们带来了更多的利润，为工人们带来了更高的工资。但
在 1970 年之后，情况发生了变化。福特描述了一种"致命趋势"
（deadly trends），它一直以来困扰着美国和其他发达国家的经济。
工资停滞不动。劳动收入在国民收入中的份额（换句话说，就是
国民收入中转化为工资的那部分）"一落千丈"，而企业利润的
份额却"一飞冲天"。创造出的就业机会减少了，长期失业变得
更加普遍。收入不平等加剧。福特引用了一项经济方面的研究指
出，2009 年至 2012 年，美国 95% 的收入增长只流向了 1% 的人
口，而 1993 年至 2010 年，这一比例为 50%。就业市场越来越

---

[1]　中信出版社，2015 年，王吉美、牛筱萌译。——译者注

两极分化，分为"低工资的服务性工作"以及"大多数劳动者难以企及的高科技的专业工作"。打零工，曾经是个别情况，现在却变得越来越普遍——在大多数情况下，不是因为工人选择打零工，而是因为他们找不到同样工种的全职工作。

福特承认，这些"致命趋势"是由多种原因引起的，从 20 世纪 70 年代的石油危机到现在的金融以及物流的全球化。但总的来说，福特认为，有明确的证据表明，信息技术是一种"破坏性的经济力量"，在很大程度上推动了这些趋势的发展。无论是里夫金还是埃里克·布林约尔弗森、安德鲁·麦卡菲这两位教授，主要分析的都是软件和人工智能算法对人类工作的影响，而福特对实体机器人更感兴趣，他预测工业领域和服务领域的机器人将迎来一波快速发展的浪潮。他特别提到了人们已经广泛使用的机器人操作系统（Robot Operating System，ROS）。这是一个免费的开源操作系统，已经成为机器人领域事实上的标准。福特指出，在桌面和移动计算领域，向一到两个标准操作系统的融合极大地推动了应用程序的开发。他打赌，由于机器人操作系统的普及，在机器人领域也会发生同样的事情。他同时认为，机器人的云技术会是变革的主要推动者。这种技术可以让机器人连接到互联网，并获得计算能力和数据。这样一来，机器人就不需要集成很多的内存和计算能力了，会变得更轻、更便宜。它们还会不断更新，并和其他机器人共享从环境中收集的数据以及从工作中学到的东西。

因此，他预测在制造业、服务业和农业领域，对于机器人的使用会急剧增加，可能会取代食品生产、零售、物流和纺织制造业中数以百万计的人类工作岗位。与此同时，人工智能和计算机将以越来越快的速度争夺白领的工作，以及那些需要认知能力的工作。在某个时间点上，它们也会胜任一些高级别的、类似管理方面的工作，而人们目前认为这些工作是它们取代不了的。福特描绘的未来对人类劳动者来说并不乐观，而且他不认为对工人进行再培训是解决问题的良方。"传统观点认为，通过更多的教育和培训，我们将在某种程度上把所有人都塞进那个不断缩小的最顶层的工作空间。"他写道，"我认为，这就好比相信，在农业机械化之后，大多数失业的农场工人能够找到开拖拉机的工作。这根本不可能。"福特在书的结尾处提出，为了应对不可避免的大规模失业，他支持全民基本收入（Universal Basic Income，UBI）的概念。他同时建议，要制定一些激励措施，让人们去做一些对社会有益的事情。尽管对许多人来说，这算不上是传统意义上的"工作"。

来自普林斯顿和波士顿大学的一组研究人员在 2021 年年初发表了一项研究成果，部分支持了福特的建议。[4] 他们使用了 4 万家公司对职位以及空缺职位的描述，来评估在这些职位中有多少已经可以由人工智能取代了。然后，他们试图理解这个数据与这些公司雇用的人员数量和人员类型有什么关系。在许多工作可以由人工智能完成的公司里，他们往往会雇用更多的有人工智能背景的人，这并不奇怪。但他们在总体上会雇用更少的人。这与使用人工智能会带来生产率的提高，转化为更多的业务和更多就业机会的预期相矛盾。这些研究人员发现，这种趋势只出现在单个公司上，而不是出现在总体上。即使在 2014 年至 2018 年，他们看到很多公司在行为上发生了很大的变化，但美国对劳动力的整体需求并没有明显减少。他们对此的解释是，这种情况表明，人工智能的影响仍然过多地局限在特定的行业和特定类型的公司当中，令人难以察觉。尽管如此，趋势是明确的：如果机器确实占据了更多的工作岗位和更多的经济领域，那么这种影响会越来越明显。

除了畅销书里谈到的内容之外，在学者和研究公司完成的几项研究中，也可以看到关于自动化技术对未来影响的预测。你也可以自己试试，在搜索引擎中输入"机器人和工作"。在我们写这一章的时候，搜索引擎返回的第一个结果是彭博社（Bloomberg）的一篇新闻报道，称全球有超过 8 亿工人受到自动化技术进步的威胁。[5] 再往下翻，我们发现另一篇新闻称，由于机器人的竞争，仅欧洲就有 5100 万工人将在十年内面临失业的风险。新闻来源是麦肯锡咨询公司的一份报告。它研究的是自动化技术和新冠疫情对欧洲劳动力市场的综合影响。[6] 再往下翻，我们发现了一个稍微乐观点的预测。其中说，到 2037 年，自动化技术和机器人将消灭 700 万个工作岗位，但也会创造 720 万个新的工作岗位，总共增加 20 万个工作岗位。[7] 这听起来好多了，但前提是你的工作岗位刚好属于正确的那一类。例如，如果你在制造业工作，那么你的工作很可能就在失业的行列里。事实上，根据牛津经济研究院（Oxford Economics）2019 年的另一项研究（你可以在网上找到），到 2030 年，在制造业中，会有多达 2000 万个工作岗位消失。[8]

当人们预测机器人技术和人工智能对未来就业市场的影响

时，会看到很多选择。如果这个月的预测太悲观，你要做的就是等待下个月出现更好的预测。2018 年，《麻省理工学院科技评论》（*MIT Technology Review*）编制了一张表格（唉，已经过时了），列出了所有已经发表的关于自动化技术对工作岗位的影响的研究成果。[9] 结论从极度悲观到乐观，五花八门。也许，在这两个极端之间，对于自动化技术对工作岗位的影响，人们可以找到所有可能的答案。

但这些数字从何而来，又是如何计算出来的呢？对自动化技术会取代多少工作岗位的系统性的评估，首先是由牛津大学的卡尔·弗雷（Carl Frey）和迈克尔·奥斯本（Michael Osborne）完成的。[10] 他们的研究成果最初作为大学的内部文件，从 2013 年开始内部传阅，并于 2017 年修订后，发表在《技术预测与变化》（*Technological Forecasting and Change*）杂志上。这项研究最常被引用的结论就是，"美国 47% 的工作岗位都面临着高风险，有可能被自动化技术取代"。具体来说就是：在美国，33% 的工作岗位被计算机取代的风险很低，19% 处于中等风险，而高达 47% 的工作岗位处于高风险，会在十年或二十年内被人工智能取代。根据这项研究，行政、销售和服务部门被取代的风险更高；健康、财务、维护以及设备安装方面的工作被取代的风险较低。

因为后续一些关于这一主题的研究也采用和他们同样的方法，所以有必要了解弗雷和奥斯本是如何得到这些数据的。首先，他们在牛津大学组织了一个研讨会，与会者都是"机器学习领域的专家"。弗雷和奥斯本向他们提供了一份清单，上面列出了 70 种工作岗位以及对这些工作岗位的详细描述。这些描述内容都是从 O*net 数据库（是美国的一个数据库，对职业信息进行编码和标准化，以利于统计工作）中提取出来的。对于这 70 种工作岗位中的每一种，弗雷和奥斯本都会问专家："是否能足够清晰地描述完成这项工作所需的技能，以便由计算机来执行？"简单来说就是，你能把这项工作转化为一种算法吗？他们选择的这 70 种工作岗位差别很明显，所以答案很简单。这些工作中有外科医生、活动组织者、造型师（很难用自动化技术完成）；有洗碗工、电话销售员、法院的书记员（很容易用自动化技术完成）。他们两人还向专家们询问了人工智能和机器人尚未克服的技术障碍。与会人员列出了三个：感知和操作能力，创造性，以及社交能力。

随后，他们两人从 O*net 数据库中找出胜任这 70 种工作岗位所需的技能，从中挑选出 8 种他们认为最能体现三大技术障碍的技能：说服、谈判、社交敏感性、独创性、与他人相处的能力、美术知识、手的灵巧程度和在狭窄环境中工作的能力。最后，弗雷和奥斯本使用了一种机器学习算法，来完成他们最后的工作。他们把研讨会中分析的这 70 种工作岗位作为一个训练集，先找出 O*net 数据库中认为的这 8 种技能在每种工作中的重要性，再找出与会者认为的每种工作被自动化技术取代的可能性，然后利用算法寻找它们的相关性。一旦算法了解了相关性，他们就可以计算出 O*net 数据库中剩下的工作岗位被自动化技术取代的概率了。在这些概率当中，既有意料之中的，也有意料之外的。例如，在最容易被自动化技术取代的工作岗位中，你可以找到手表修理工、保险代理人、裁缝和电话销售员等工作，所有这些工作

被自动化技术取代的概率都是 0.99。在最不容易被自动化技术取代的工作岗位中，你可以找到休闲治疗师、机械设备的安装和维护人员，以及应急救援的指挥者。这些工作被自动化技术取代的概率低于 0.003。

在接下来的几年里，又出现了一些其他的研究成果，相继成为头条新闻。这些研究或多或少都是对弗雷和奥斯本方法的扩充和改进。2016 年，经济合作与发展组织（Organization for Economic Cooperation and Development）使用类似的方法进行了一项研究，结论并不那么令人担忧：在该组织的成员国中，只有 9% 的工作可以被自动化技术取代——不过这个结论存在明显的地区差异。[11] 例如，在韩国，6% 的工作可以被自动化技术取代，而在奥地利为 12%。2017 年，麦肯锡咨询公司基于 O*net 数据库进行了一项研究，将现有的工作分解为一个包含了 2000 种活动的列表。[12] 然后，这家公司的分析师定义了一个清单，包含了 18 项"要求"，而完成每项活动需要的要求都不同。这种方法与弗雷和奥斯本用 9 种技能将工作分类的方法相似，但得到的结果比前两项研究更复杂、更微妙。麦肯锡公司认为，在完成当今世界上所有工作所需的活动中，几乎有一半有可能由自动化技术实现。不到 5% 的活动已经完全可以由自动化技术实现；在大约 60% 的活动中，至少有 30% 的部分可以由自动化技术实现。最后，研究者指出，可以由自动化技术实现的活动涉及了全球 12 亿劳动者和 1460 亿美元的工资。

在有关自动化技术取代人类工作的争论中，这些研究都做出了重要贡献。但作为机器人专家和这一研究领域敏锐的观察者，我们对这些研究并不完全满意。首先，他们的计算包含了太多的主观性。他们判断一份工作是否可以由自动化技术取代，最终只是依赖少数专家对关键需求的评估，以及他们对替代技术的先进程度的看法。其次，这些研究主要关注的是算法以及人工智能的软件版本，而不是可以移动、操作和建造东西的有智能的机器人。最后，对于再培训劳动力，让他们胜任更好的、不会过时的工作岗位所需的成本及收益，这些研究没有提供指导或建议。

我们与洛桑大学的一些经济学家合作，就当前自动化技术对就业的冲击做了自己的评估。[13] 我们把机器人的物理能力纳入考量范围，而不仅仅是软件层面上的人工智能；我们研究出一套方法，可以客观地评估机器人的能力和取代人类工作的可能性；我们还开发出一套算法，能够向人们提供建议，如何转移到那些不容易被自动化技术取代的职业上，以减少再培训的压力。

我们要做的第一件事就是使用更系统化的方法，比较人类和机器人的能力。在人类方面，O*net 数据库做得很好，它对大约一千种工作进行了分类，将每种工作分解为数十种不同的技能、能力和知识类型，并给出相应的分数，让你知道这些技能、能力和知识对这项工作有多重要，以及从事这项工作的人需要在哪些方面做到多好。O*net 数据库在 21 世纪初就已经出现。它通过对工作人员和人力资源经理的大规模调查，定期更新。工程师们希望在机器人身上也有类似的东西。与 O*net 最接近的资源是一个由非营利组织 SPARC 发布的欧洲 H2020 机器人年鉴路线图（MAR）中对机器人能力的列表。[14]SPARC 的全称是"学术出版和学术资源联盟"（Scholarly Publishing and Academic Resources

Coalition），是欧盟委员会和欧洲机器人行业公私合营的一个合作伙伴。在这个列表中，包括一长串人们可能要求机器人做的事情，分成"感知"、"操作"和"运动"等不同类型。我们设计出两个列表，并建立了一个转换系统，把 O*net 中人类的能力对应到 MAR 中机器人的能力上。MAR 列表并没有告诉我们目前机器人在这些能力上的水平如何，所以我们查阅了论文、专利和机器人产品，并使用了一个著名的衡量技术发展水平的量表——技术就绪度（Technology Readiness Level，TRL）量表——进行了自己的评估。TRL 的等级从 1（仅在基础研究中探索了非常初步的想法）到 9（已经经过试验和测试，可以实际部署的技术）。在为 MAR 列出的机器人能力分配了 TRL 值之后，我们已经可以计算出每个现有的工作岗位被机器人取代的可能性了。它是一个函数，变量有三个，包括：完成这项工作需要的能力和技能、它们对应了哪些机器人的能力、这些机器人的能力在目前的成熟程度。

我们对近 1000 种工作岗位进行了排名，其中"物理学家"被机器取代的风险最低，而"屠夫和肉类包装工"被机器取代的风险最高。尽管在不同类型的工作和同一类型、不同领域的工作中，被自动化技术取代的风险差异都很大，但在食品加工、建设和维护、建筑和信息提取等行业中，这种风险似乎最高。这一结果与弗雷和奥斯本的研究结果一致；尽管他们的研究主要关注的是算法和人工智能对人类工作的冲击，但结论同样是服务业和销售行业中的工作面临的风险最高。

不过，我们最感兴趣的是再培训对于保护劳动者免受淘汰的作用有多大。因此，我们设计了一套简单的算法。针对任何给定的工作，寻找那些需要的能力和知识接近、被自动化技术取代的风险明显较低的替代性工作，从而使再培训的压力更小，在职业上的过渡更可行。

为了测试我们的方法在现实世界中的表现，我们使用了从2018年以来美国的就业数据。我们根据被自动化技术取代的风险，将所有职业分为三组：高风险、中风险和低风险。对于每个职业，我们先用自己的算法算出它的替代性职业，然后算出在不同风险的每组职业中，它们的平均风险降低了多少，然后再算出为了过渡到替代性职业上，平均要为再培训花费多少努力。最后，我们利用美国劳工统计局（US Bureau of Labor Statistics）的数据，根据每种职业占美国劳动力总数的比例为它们加上权重。[15]

我们看到了三个令人鼓舞的结果。第一，按照我们的建议选择职业的劳动者可以大大降低被自动化技术取代的风险。第二，对于几乎所有类型的职业，都可以找到降低风险的办法。第三，为了转移到一个风险较低的职业中，高风险组别里的劳动者们需要经历一个成本相对较低的再培训过程。[16]

政府可以利用这种方法来衡量它们的公民被智能机器人抢走工作的风险，并据此制订教育计划。但总会有那么一天，我们所有人都可以用这个方法来评估我们自己被自动化技术取代的风险，并确定在就业市场上重新定位的最轻松的途径。虽然在更深入、更系统性地研究机器人技术将如何影响就业市场上，我们的研究只是迈出了第一步，但它表明，人类是可以赢得"与机器的比赛"的。至少，人们可以通过现实中的再培训来和机器对抗。

11

第十一章

创造一个产业

在这本书的开头，我们就明确表示，我们与艾萨克·阿西莫夫或菲利普·K.迪克等人不是同一类作家。首先，我们做不到；我们完全不擅长构想未来的世界。其次，我们也不想这么做。我们希望想象中的未来是牢固地建立在我们已知的机器人能做的事情上的——至少在理论上如此。这意味着，我们必须坚持物理学定律和生物学定律，以及工程技术的核心原则。而对于阿西莫夫或迪克这样的科幻小说家来说，扩展物理学定律以及生物学定律几乎是故事的前提条件——或者得想象某种尚未发现的新原理，让今天不可能的事情在明天成为可能。

然而，有趣的是，在描述如何制造并销售未来的机器人时，阿西莫夫和迪克的想象力却不怎么样。他们更愿意扩展物理学或生物学定律，而不是商业法则。在阿西莫夫关于机器人的 37 篇短篇小说和 6 部长篇小说中，最经常出现的角色之一不是人，而是一家名为美国机器人公司（U.S. Robots and Mechanical Men）的机构。[1]这是一家掌控一切的终极跨国公司——加上它的一些活动经常涉及太空，可以说，这是一家跨星球公司。在阿西莫夫的科幻宇宙中，有意识的"正电子"机器人充斥其中。这些机器人的市场营销，大部分由这家公司掌控。至少在其中的一个故事中，阿西莫夫提到了它的竞争对手——联合机器人公司（Consolidated Robotics），但它看起来或多或少就像 20 世纪 80 年代的苹果公司之于微软公司，其实并不构成什么威胁。

至于迪克在《仿生人会梦见电子羊吗？》（*Do Androids Dream*

of Electric Sheep？）❶一书中描写的 Nexus 6 超现实仿生人则是由罗森公司（Rosen Association）生产的。² 书中罗森公司的总部位于西雅图（有趣的是，迪克是在 1968 年写的这个故事，几年之后，这座太平洋沿岸城市真的相继成为微软和亚马逊公司的技术中心），但把它的生产外包给了火星上的一个殖民地。迪克的这部小说后来改编成电影《银翼杀手》（*Blade Runner*）。在《银翼杀手》第一部中，罗森公司变成了泰瑞公司（Tyrell Corporation），而且搬到了洛杉矶。

　　美国机器人公司和罗森公司都是大公司，由实力强大的商业巨头出资运营，差不多垄断了或者完全垄断了他们的目标市场。在阿西莫夫和迪克的想象中，机器人产业的未来与他们写作时的 20 世纪的工业资本主义有很多相似之处。如果你去掉反乌托邦元素——就算去掉大部分反乌托邦元素吧——这些虚构的公司类似于当时主导了美国汽车工业的三巨头（通用、福特和克莱斯勒），以及日本的财阀（强大的综合企业集团，如三菱集团和三井集团），或者 20 世纪 70 年代和 80 年代的 IBM 公司，它在当时实际上是计算机行业的代名词。

　　未来的机器人产业完全可能遵循这样的轨迹发展，最终由少数大企业集团主导市场，从硬件到软件，控制机器人生产的各个方面。但新技术的出现往往伴随着全新的市场结构和商业模式，特别是当它们出现在全球市场动荡之际，更是如此。这些动

---

❶　译林出版社，2017 年，许东华译。——译者注

荡包括新的超级大国正在崛起，新的地区经济正在增长，经营方式正在涌现——比如正在取代购买并长期拥有的共享经济和零工经济。

事实上，我们不知道机器人行业在几十年后会是个什么样子。我们能做的就是看看这个行业现在的样子，辨认出决定它未来轨迹的十字路口，并探索其他的替代路径。在这一章中，我们得到了一些专家的帮助。这些专家专门研究机器人行业，利用机器人开展业务，并帮助其他人来扩展机器人业务。

🕐 老牌领域和新兴领域

让我们从最简单的部分开始，机器人行业现在是什么样子？分析人士往往会把机器人行业分为工业机器人和服务机器人两个领域。每年，国际机器人联合会都会针对这两个领域发布两份单独的报告，它们是了解这两个市场的统计数据和最新信息的最佳来源之一。这两个领域的数字、玩家和商业模式非常不同，我们冒着过于简化的风险，把它们称为"老牌领域"和"新兴领域"。

"老牌领域"指的是工业机器人领域。这些机器人或者制造产品，或者被应用于制造产品的工厂里。它包括在汽车、电子和化工行业的生产线上工作的那些使用铰链连接的机械臂，能以超人的精度、速度和耐力，抬升、定位、焊接、抛光、切割或组装零件；它还包括可以移动的机器人，在工厂车间或仓库中运送零

件和成品。

工业机器人是机器人技术中最成熟的分支，已经发展了半个多世纪，有着明确的商业案例，以及财力雄厚且愿意进行长期投资的客户。截至 2020 年，有超过 300 万台的机器人在世界各地的工厂中运转。[3] 工业机器人的主要买家是汽车行业（32.2%）、电气和电子行业（25.3%）、冶金行业（10.3%）、化学和塑料行业（6.3%），以及食品和饮料行业（3%）。工业机器人每年的产值达到了 130 亿至 140 亿美元。这是一个很大的数字，但与每年产值超过 3000 亿美元的电脑市场和每年超过 7000 亿美元并持续增长的智能手机市场相比，还相去甚远。更不用说每年产值超过 20 万亿美元的汽车市场了。换句话说，工业机器人是一个蓬勃发展但又针对细分市场的行业。

不过，情况并不总是那么乐观。这个行业在 21 世纪 10 年代连续增长了 6 年之后，于 2019 年开始衰退。这提醒人们，工业机器人的命运和它主要客户的命运息息相关。汽车行业不景气的年份通常也会导致机器人供应商的日子不好过。21 世纪 10 年代末，对于汽车行业来说不是好年景，全球需求受到经济放缓和全球许多地区共享出行业务兴起的影响，而受到抑制。

如今，工业机器人的商业结构已经确定。从地理分布上看，亚洲是最大的工业机器人市场，其次是欧洲和美洲。70% 以上的工业机器人销往五个国家：中国、日本、美国、韩国和德国。自 2013 年以来，中国一直是全球最大的工业机器人买家。至于工业机器人的制造商，这里虽然没有阿西莫夫、迪克笔下的跨星球的"美国机器人公司"或者"泰瑞公司"，但有四家在历史上对这个行业控制力很强的公司，被称为"四大"。它们是：日本的发那科（Fanuc）和安川电机（Yaskawa），德国的库卡（KUKA），以及瑞典和瑞士合资的 ABB 公司。2016 年，库卡公司被中国美的集团收购，标志着权力转移的开始。该行业其他的重要参与者还有三菱集团（一家活跃在从消费电子产品到汽车等诸多领域的日本大型企业集团）、德国博世（Bosch）以及爱普生（Epson）——爱普生是另一家以消费电子产品闻名的日本品牌，但它也活跃在工业自动化领域。

虽然工业机器人代表了这个行业中最稳固的部分，但这并不意味着它们不会受到我们在这本书中描述的那些技术趋势的影响。事实上，特别是在汽车行业，一场影响深远的变化正在发生。几十年来，工业机器人一直在生产线上工作，而现在，生产线正逐渐被更宽松的生产空间组织方式取代。这种方式为固定和移动机器人以及协作机器人（cobot）都留下了空间。这些新型的工业机器人可以让人们更方便地个性化自己的汽车，因为新引入一个款式所需的大部分工作就是对机器人重新编程，而不是拆除和重新设计整个生产线。协作机器人如今也开始与人类并肩工作；一旦人类进入它们的工作范围，它们就会自动减轻力量或者停止工作。就像计算机行业曾经经历过的那样，尽管在机器人领域仍然存在着几个相互竞争的标准，导致不同标准的机器人之间无法通信，但机器人正在变得越来越容易编程，也越来越容易集成到生产系统中去。机器人制造商可以通过云服务分析操作日志并提供远程维护，而机器学习可以从多个执行相同任务的机器人上传的云数据中，找到规律性的东西，来提高它们的性能。

而机器人世界中的"新兴领域"则是服务机器人。这个领域中的机器人五花八门，所有在制造业工厂以外使用的机器人都包括在内。无人机就在其中。实际上，无人机这个领域近年来发展很快，目前的市场规模约为 200 亿美元。[4] 服务机器人这个领域里还包括进行检查和维护工作的可移动机器人；搜索和救援机器人；完成物流工作的自动运输车辆；私人助理、玩具，农场中的除草机器人和牧场中的挤奶机器人；用于康复或者为体力工作提供支持的手术机器人以及外骨骼机器人；建筑机器人；航天探测器；当然，还有上述所有这些机器人使用的软件和组件。

就生产数量而言，用于家庭服务的机器人数量最多：2020年，市场上总计卖出了超过 1800 万台智能扫地机器人、自动割草机，清洗游泳池和窗户的自动清洁机。[5] 紧随其后的是用于娱乐和教育方面的机器人，大约卖出了 60 万个，比如机器人玩具、遥控无人机和汽车、机电一体化的动物，以及小型人形机器人。最后，是在采矿业、农业、物流和其他服务领域卖出了大约 13.1 万个完成专业任务的服务机器人。再加上目前在火星上运行的几个火星探路者，这就是服务机器人的全景。

服务机器人领域包罗万象，如果要列出每个细分市场的领先公司，至少需要单独一章来阐述。但可以肯定的是，到目前为止，只有一家经营服务机器人的公司真正打入了主流。它就是 iRobot 公司。它生产的 Roomba 智能扫地机器人是迄今为止历史上最畅销的机器人。这家公司一开始是从麻省理工学院分拆出来的，依靠美国国防部高级研究计划局的拨款维持生计，最终发展成一个全球知名的品牌；其间的历程远非一帆风顺，这在很大程度上说明了随着技术的发展，发明一种商业模式的重要性。在2006年的一次谈话中，iRobot 的首席执行官科林·安格尔（Colin Angle）列举了在他们开始生产扫地机器人并面向家庭销售之前，尝试过的至少14种失败的商业模式。[6] 他们的商业模式从"出售电影版权来执行机器人登月任务"到"向大学出售科研机器人"；从"收取机器人玩具的版税"到"开发纳米机器人清洁血管技术并出售许可"——这两种商业模式对他们来说都失败了，但对我们幻想未来的两个章节中的主角来说也许是可行的。他们考虑过把各种各样的机器人卖给各种各样的行业——把检修机器人卖给发电厂，把教育机器人卖给博物馆，把扫雷机器人卖给战场上的军队，把移动机器人卖给可以通过互联网控制的数据中心。他们还考虑过在软件上碰碰运气，取得机器人操作系统的许可证——希望像微软在20世纪80年代做的那样，最终从硬件制造商 IBM 手中夺走计算机业务。"在很长一段时间里，机器人行业是无法获得投资的，"安格尔后来在一篇博客中评论那份失败的清单时回忆道，[7]"为什么？因为没有一家机器人公司的商业模式值得投资。事实证明，商业模式和技术同样重要，但在机器人公司中却十分稀缺。"

另一家找到了强大的商业模式的公司是直观医疗公司。这家硅谷公司自21世纪初以来，就凭借它的达芬奇系统在手术机器人领域占据了主导地位。无人机领域有几家大公司，首先是中国的大疆公司（DJI）和昊翔公司（Yuneec），法国的鹦鹉公司（Parrot），以及美国的国防和航空航天巨头，比如波音公司（Boeing）。波士顿动力公司是美国东海岸的一家公司，最初是从麻省理工学院与美国国防部的一个研究项目中分拆出来的，它现在可能是最知名的四足机器人和人形机器人品牌。它曾在谷歌大规模收购机器人公司时，成为被收购公司中的一员，后来一度属于日本软银集团（SoftBank Group），再后来于2021年被韩国现代集团收购。

每个细分市场都有自己的玩家，而且就像创新市场一样，几乎每天都有公司出现和消失；它们迅速发展，然后衰落，被更大的集团收购，几年后再卖给其他集团。

正是在这里，真正的新生事物正在成长；也正是在这里，才有最大的发展空间。非营利行业组织"硅谷机器人"（Silicon Valley Robotics）一直在帮助美国的初创企业围绕机器人技术开展业务。它的创始人安德拉·基伊（Andra Keay）使用了"机器人2.0"这个说法，对应"机器人1.0"的那些老牌工业机器人。他说："无论在定性还是定量上，机器人2.0都与之前不同。它的基础是传感器与智能的结合，在现实世界中的实时导航能力将这些新产品与已有的机器人行业区分开来。在已有的行业中，你可以在协作机器人或自主移动机器人那里看到这些技术的一些影子，但它们大多会出现在开发服务型机器人的新公司当中。"

总的来说，服务机器人的增长可能比数字显示的要多得多。在新冠疫情出现前的2019年，对于工业机器人来说不是一个好的年份，但对于服务机器人来说却是一个非常好的年份。服务机器人领域的收入增长了32%，超过了110亿美元。但基伊指出，在现阶段，营收只能说明一小部分问题："许多新公司还没有收入，但他们获得了投资。如果我们看一下机器人行业的投资、合并和收购的整体价值，每年可能在 500 亿美元左右，这比机器人和外围设备加起来的收入还要多。这就是机器人技术的隐藏价值。"一旦隐藏价值开始转化为实际价值，机器人 2.0 将进入一个新的时代。到那时，它会处于好几个十字路口当中。让我们来探讨一下其中最主要的几个。

🕐 硬件还是软件？

数字技术的市场（当然也包括机器人技术的市场）都有硬件和软件两个方面，它们可以在不同的程度上分开或交织在一起，任何一方都有塑造市场的力量。例如，音乐产业的典型结构就有明确的区分——面向电子产品消费公司生产高保真音响或 CD 播放器，而唱片公司生产录制好的音乐。这两类公司彼此需要，但又各有各的工作。

移动通信行业在最初有些不同：摩托罗拉（Motorola）、诺基亚（Nokia）和爱立信（Ericsson）在第一阶段主导了市场，它们制造手机并各自编写手机里的软件，苹果公司也是如此（现在仍然如此）。后来，当 iOS 操作系统和安卓操作系统确立了自己标准操作系统的地位后，应用程序的开发者就在硬件的基础上，创造出了一个蓬勃发展的软件行业。这两个市场彼此促进。智能手机本身仍然是人们渴望的东西。只要看看每一代苹果手机或者三星手机推出时的营销活动，就能理解这一点。而软件开发人员充分利用不断变化的屏幕和处理器，创造出了更有趣、更吸引人的应用程序，这反过来又推动了用户升级他们的硬件。

机器人技术同样涉及硬件和软件，这两部分之间的共同进化、产生分歧甚至争权夺利，都会对市场的形态产生重大影响。到目前为止，大部分工业机器人的市场都是由硬件驱动的，而且大多数制造商都将专用软件与机器人捆绑在一起。但情况正在发生变化，特别是对于服务机器人来说更明显：在过去十年中，开源机器人操作系统 ROS 已经成为事实上的标准，它增加了机器人的互操作性。与此同时，机器人的硬件部分（电池、位置传感器、摄像头、中央处理器）的成本也在大幅下降。对于那些还记得计算机行业重大变革的人来说，这听上去可能很耳熟。当时，微软在操作系统市场上确立了主导地位，而个人电脑变得越来越小，也越来越便宜，开始足以吸引日常消费者了。计算机硬件成了一种日用品，市场的权力从 IBM 转向微软和甲骨文等软件公司。然而，至少有一家公司——苹果公司坚持既做硬件又做软件，并最终证明自己是正确的。

那么，机器人技术是否也会分化为两个行业？一些公司生产机器人，而另一些公司开发软件，甚至开发可以下载的应用程序？后者最终会成为一个比前者更大的市场吗？就像 IBM 和微软的故事那样？根据安德拉·基伊的说法，有迹象表明这种情况正在发生。她指出："我看到越来越多的机器人行业的初创公司正在开发软件。毕竟，市场上需要多少只带有吸力夹持器的机械臂呢？尽管许多公司都在提供完整的技术堆栈，但真正的竞争优势在于算法，在于计算机视觉，在于通过放置和抓取进行机器学习的能力。"

21 世纪 00 年代中期，斯坦福大学的两位同窗基南·瑞约贝克（Keenan Wrjobek）和埃里克·贝尔热（Eric Berger）共同创立了柳树车库公司（Willow Garage），并最终开发出 ROS 系统。瑞约贝克是机器人软件的行家；对于未来的发展，他的观点更为微妙、复杂："我认为在未来十年，我们将看到软件公司为真正的细分市场编写应用程序软件。他们会拿来一个现成的机械臂，使用 ROS 作为操作系统，为它编写一段软件。机器人软件的困局基本上类似现实世界中的人工智能，太难广泛使用，所以很难在新的情况下使用原来的软件。"也正因如此，在瑞约贝克看来，专注于软件开发的公司有很大的发展空间。这些公司为每个新应用编写软件，没有时间和资源生产硬件，所以他们宁愿在市场上购买硬件。但瑞约贝克说，当我们开始在消费者领域看到突破性的应用程序出现时——就像 iRobot 在 Roomba 智能扫地机器人取得了巨大成功时——情况就会发生变化："当市场容量变得更大时，人们就会下更大的赌注，就会开发与软件紧密结合在一起的硬件。"他认为苹果公司就是个很好的例子，说明当一个行业真正建立起来时，顶级的机器人公司会是什么样子、会如何运营："他们已经从质量和可靠性的角度展示了，把硬件和软件结合在一起时能产生的价值。当我想到机器人技术，尤其是面向消费者的机器人技术时，硬件的可信度和可靠性不容小觑。我不认为机器人硬件会像计算机一样完全商品化；这要困难得多。"

⏱ 产品还是服务?

无论你从事的行业是机器人、乐器、汽车,还是几乎所有你能想到的产品,在市场上最明显的业务模式就是销售产品本身。你把它制造出来,给它定价,打广告,然后转手卖出去,让它成为买家的财产。但在许多情况下,特别是如果这些产品非常昂贵、占用大量空间或者需要特定技能的情况下,就还有其他的可能性。你可以出租汽车以及钢琴:客户支付一定时间的使用费用,然后再还给你。或者客户可以购买一套服务,比如乘坐出租车(把汽车作为一种服务)或者雇用一个乐手,自带乐器前来演奏。

在工业机器人领域,典型的商业模式是销售机器人并提供维护服务。问题是,除了少数的例外,机器人都非常昂贵。一家汽车制造商可以购买数百台,但一个想要在生产过程中实现部分自动化的中小型企业,可能连一台都买不起。对于农业领域的服务机器人也是如此。人形机器人市场的潜力还有待观察,但如果这个市场做大了,它们肯定不会便宜。而另一方面,如果对机器人的需求没有达到一定数量,那么规模经济就不会发生效力,也不会把机器人的价格降下来。

这就解释了为什么"机器人即服务"(robotics-as-a-service)这个理念在机器人行业中越来越受欢迎,并经常在专业出版物中被人们看作是这个行业的未来的原因。"机器人即服务"的意思是,你不用买机器人,也不用费心安装和操作它,你可以和一家公司签约，让他们用机器人为你提供服务。这家公司拥有机器人和操作它所需的专业知识，你只需要享受最终的结果即可。这种"××即服务"的概念在其他行业也越来越受到欢迎，这可能会削弱传统上对所有权的概念。例如，在汽车行业，分析师们预计共享出行（人们使用应用程序预约汽车，叫车即来、下车即走）、电动汽车以及自动驾驶会一起成为未来不可分割的一部分。如果我们在未来会更少地购买东西，并与他人共享日常用品，那么在机器人身上是否也会发生同样的事情呢？

机器人报告网站（Robot Report）是一家跟踪和分析机器人行业演变的网站。它的创始人弗兰克·托比（Frank Tobe）是美国等国家的机器人企业的资深顾问。他认为，机器人即服务这种模式可能会在那些需要在规定时间内集中大量机器人工作的行业中占据主导地位。"农业生产就是一个例子，"他说，"想象一个巨型农场，就像巴西的那种农场那样，需要在10天内完成一项工作。他们可能在这10天内需要100台自动拖拉机，用完之后就不再需要了。然后这些拖拉机可以再被运到智利、阿根廷或澳大利亚，因为你不能让它们闲置在那里。"对农民来说，最好的办法就是与一家公司签约，让他们把拖拉机带到农场，操作拖拉机，完成收割任务，然后说再见，直到明年再来；而不是买100台拖拉机，让它们在谷仓里闲置几个月。他说："在建筑行业中也是这样。你会做一个大项目，然后又去做另一个项目。"

安德拉·基伊提到了一家生产自动洗碗机的公司——Dishcraft Robotics。这家位于美国加利福尼亚州的公司为餐饮业的厨房提供了一款洗碗机器人。它可以自动把盘子堆在一起，并使用计算机视觉识别餐具上的污垢和食物残余。她回忆说，"在首次试用中，他们好像在厨房照看婴儿一样看着那台机器。"他们精心地为机器人定价，使它的价格低于两台普通的洗碗机加上一个洗碗工的工资；而且，使用他们的洗碗机，还能更有效地利用厨房的空间。但很快，基伊说，这家公司开始怀疑他们是否真的需要在餐馆的厨房里安装这台机器。他们研究了洗衣店的情况——餐饮业的另一项日常需求就是洗衣店，几十年来，洗衣店的商业模式也一直很成功。餐馆和酒店每晚都会把装着脏床单、桌布的袋子放在外面，清洁公司会把它们拿走，然后送回干净的床单、桌布；餐馆和酒店不会在经营场所清洗这些东西。"因此，Dishcraft Robotics 公司摇身一变，成为一家服务公司，提供清洁盘子的服务。他们拿走脏盘子，换上成箱的干净盘子，然后把自动洗碗机放在公司自己的场地上。大型餐饮机构的厨房里可能仍然需要这台机器，但大多数餐馆不会。"她总结道。

尽管如此，销售产品仍然会是主流的商业模式。托比认为："在传统上，机器人即服务的目的是帮助某款机器人打入市场。而一旦它的概念得到验证，你就会希望拥有自己的控制权并扩大经营规模。"托比认为，除了非常新颖的技术，"这种模式可能仅限于建筑行业或农业领域有市场。在这些领域之外，我还没有看到一个令人信服的、持久的'机器人即服务'的模式，而且我不认为它可能发生在消费领域"。

总之，我们预计，未来大多数机器人公司将直接向客户销售机器人。不过，在新技术刚刚问世的间歇期，向客户出售服务可能仍然是试水市场的好方法。

🕐 巨头公司还是独立的小型公司？

在 20 世纪和 21 世纪初，许多技术市场都经历了相同的轨迹。首先，大批小公司为了生存下来相互激烈竞争，推动了草根阶层的创新；接着，随着业务的整合和市场的增长，少数赢家出现，削减了大部分竞争，并建立起寡头垄断——在某些情况下，甚至是独家垄断；随之而来的是一段时间的市场稳定，直到技术或商业模式方面的关键性创新催生出一个新的竞争对手，威胁甚至可能取代主要玩家。最后这一步会重复进行，而且没有规律。这就是石油产业发生的事情——19 世纪末到 20 世纪初，当小企业家们在得克萨斯以及美国的其他州开采数以百计的油井时，石油产业迈出了第一步；到 20 世纪 60 年代，壳牌（Shell）、德士古（Texaco）和标准石油（Standard Oil）等欧美石油业巨头主导了市场；随后是石油输出国组织（OPEC）的崛起，现在它们又受到了新一轮水力压裂技术的挑战。这一轨迹也适用于计算机行业。在 19 世纪末和 20 世纪初，出现了一股电子元器件的创新浪潮；这股创新浪潮如今基本上已经被人遗忘，不过它在 1911 年 IBM 公司成立时的确达到了顶峰。第二次世界大战后的几十年里，IBM 几乎成了计算机行业的代名词，直到个人电脑和新的操作系统改变了市场，催生出新的主导企业。随后，这些主导企业又受到来自互联网、云计算和移动计算等领域的新兴竞争者的挑战。尽管如此，垄断的程度（比如由一家、五家还是十家主导企业垄断）以及治乱循环的节奏也会有很大差异。50 多年来，在特斯拉还没让大众、丰田和其他汽车公司头疼之前，汽车制造业的格局没有太大变化。相比之下，计算机行业每十年或多或少都会经历一场革命。

根据安德拉·基伊的说法，机器人行业最近的发展为我们提供了一些线索，可以看出这个行业接下来是朝着更为集中化还是更为多样化发展。过去几十年里，在机器人市场上开疆拓土的那些最成功的企业，迄今为止都保持了独立，既没有被现有的机器人巨头公司收购，也没有被那些在这些市场上下了赌注的大型跨国公司收购。例如，iRobot 是唯一一家在消费市场上推出过非常成功产品的机器人公司。许多人都在模仿它，但没有人买下它。"他们花了很长时间才让智能扫地机器人被市场接受，"基伊回忆道，"但他们现在是自己创造的这个产品种类中的领导者，每家大型家电公司的产品目录中都有智能扫地机器人。"

另一个例子是直观医疗公司，它在 21 世纪初确立了在手术机器人市场上的主导地位。基伊指出："因为他们的许多专利最近已经过期，所以我们在市场上突然看到了许多其他产品。但有趣的是，这些突然出现的其他手术机器人采用了不同的科技和手段，可以完成膝盖手术、脑部钻孔、肺癌手术等。"这些公司并没有和直观医疗在其占优势的领域（腹腔镜无创手术）面对面地竞争，而是试图在医学领域开辟出一片新天地，并在那里建立主导地位。因为机器人不像计算机那样只是一类产品，而是有几十类全新的产品，所以基伊认为，多样化而不是集中化的空间很大："对于一家公司来说，要在正确的时间，在正确的市场上推出正确的产品，并成为某类新产品的领导者，需要付出很多努力。但一旦你做到了，就会吸引来一连串的投资，而与此同时，发明者会保持足够的市场领导地位并保持独立。至少在一段时间内，每个业务领域中的大公司更有可能开发自己的机器人产品，而不是急于收购成功的初创企业。"

　　不过，从长远来看，弗兰克·托比对小型的、独立的机器人公司保持市场领导地位的可能性并不乐观。"在某个时间点上，大公司将不可避免地在它的行业中收购服务机器人技术，"他说，"但不会出现一两家全球性的机器人企业集团。"他认为不会出现阿西莫夫描写的那种机器人行业的垄断情况。"建筑、医疗、航空航天和国防、物流和农业等领域的大公司将接管各自的领域。"2021 年，韩国现代集团收购波士顿动力公司，标志着自主移动的机器人对未来出行的重要性。这是一个很好的例子，足以说明这一趋势。从这个意义上讲，机器人领域未来最有可能的发展是在集中化和多样化之间不停地摇摆。一方面，实力强大的跨国公司，会取代最开始的小型机器人公司，接管创新放缓的高度成熟市场；另一方面，不断出现的新公司会围绕全新的产品发展起来，并创造出新的市场。在这个市场中，如果创新能力仍然是关键因素，那么它们就会一直保持领导地位。

🕐 东、南、西、北?

　　令人惊讶的是，与其他高科技产业相比，工业机器人的发展

并不以美国为中心。就每年新安装的工业机器人而言，美国（根据不同的年份）是世界上排名第三或第四的国家。它排在中国和日本之后，与韩国竞争第三名的位置。但是，正如国际机器人联合会在工业机器人报告中指出的那样，"美国的大多数机器人都是从日本、韩国和欧洲进口的。北美的机器人制造商并不多"。[8]尽管德沃和恩格尔伯格造出的第一台工业机器人 Unimate 诞生于美国，但亚洲和欧洲公司已经主导这个市场几十年了。

虽然还不太明显，但随着服务机器人和消费机器人的兴起，安德拉·基伊看到了向美国的"权力转移"。"硅谷的机器人公司比世界上其他地方加起来的总和都多，"她说，"不过，这还是个秘密，因为没有任何大型工业企业在硅谷安家，那里的大多数公司都没有收入。"但他们都拿到了投资。2010 年，机器人领域几乎拿不到投资。"到 2015 年，我追踪了 10 亿美元的投资流向情况，事后看来，我还是太保守了；当年的投资额可能接近 30 亿美元。而现在，在全球范围内，投资额可能达到了 300 亿美元。硅谷占的份额最大，其次是波士顿／纽约地区。"

她说，美国如今在创新方面处于领先地位。"欧洲知道前进的方向，但他们走得太慢了。""印度也在增长，这在一定程度上要归功于美国的移民政策。在硅谷待了二十年的印度工程师成千上万，并且还在等待永久居留权。他们会把自己的技能和资金带回印度，在印度发展起一个健康的产业。"

从技术出版物和专利活动中，我们也能看到机器人和人工智能未来的地缘政治状况。根据世界知识产权组织（World Intellectual Property Organization）2019 年关于人工智能的报告，从科技论文的发表数量和专利申请上来看，中国和美国在人工智能和机器人领域占据主导地位。[9]虽然向美国专利局提交的申请更多——截至 2019 年约有 15 万项专利申请——但向中国国家知识产权局提交的申请也接近 14 万项。两者之间有一个重要区别：中国的大部分专利申请都是由中国人提交的——他们近年来的申请数量呈指数级增长；而美国的许多专利申请都是由已经申请了欧洲或亚洲专利的发明家提出的二次申请。而且，中国在机器人的人工智能领域，申请的专利数量更多。然而，美国在专利引用数量上排名第一，这可能反映了美国专利的影响力更大，或者获得专利的时间更久。虽然公司申请的专利最多——排名前 20 的申请人工智能相关专利的公司来自日本、美国和中国——但大学在包括机器人在内的新兴应用领域也发挥着主导作用。在申请人工智能相关专利的前 20 所大学中，有 17 所来自中国。这些数据表明，发展智能机器人的产业力量将集中在美国和中国，欧洲的作用会逐渐减弱，以色列和印度等新玩家将占据一定的市场份额。

还有非洲，它目前几乎没有出现在机器人产业的版图上，但它有潜力成为一个巨大的机器人市场，并培育起新的机器人业务——如果不是机器人制造业，那么也肯定是基于机器人的服务业。WeRobotics 是一家非营利组织，它们开展机器人方面的培训，并帮助发展亚洲、非洲和拉丁美洲的机器人生态系统。该组织的联合创始人索尼娅·贝查特（Sonja Betschart）说："这里充满着无穷无尽的机会。例如，在非洲，既要满足粮食不断增长的需求，又要解决自然资源贫乏的问题以促进发展，对农业机器人和智能农业的需求越来越多。这是一个任何种类的机器人都能发挥作用的地方。"贝查特指出，"无人机可以绘制农田地图，以确定农作物的健康状况，或者为灌溉决策提供数据。然后，其他类型的无人机或轮式机器人可以非常精确地施肥或处理其他问题。"另一个应用场景是通信领域。现在非洲的大部分通信都依靠移动网络，因此，手机基站的网络非常重要，需要定期监测和检查，无人机可以解决这个问题。不过，她也指出，除了成本，阻碍机器人在非洲应用的另一个问题是："如今生产无人机和机器人的国家都是根据自己的市场情况设计和建造系统的。大多数机器人系统非常封闭，难以修理，它们适合西方的条件，并不适合非洲、南太平洋地区或拉丁美洲的条件，从气候到带宽到充电获取，都不适合。"但她同时指出："一个国家遇到的大多数问题都是非常本地化的问题，需要当地的专家解决，要让技术适合他们的需求，而不是让需求适合现有的技术。"尽管如此，贝查特还是认为，在应用和附加服务方面，非洲企业有很多机会："这有点像汽车。尽管能制造汽车的国家没有多少，但只要汽车能够适应当地的环境，而且可以在当地修理，那么它们就可以在任何地方创造经济价值。"

一个很好的例子是基南·瑞约贝克在非洲建立的一个开创性的机器人应用案例。在开发完机器人操作系统的几年之后，瑞约贝克和他人一起共同创立了 Zipline 公司。这家公司使用自动驾驶的无人机向卢旺达和加纳的医院运送血液、疫苗和其他医疗用品；如今业务也发展到了美国，非常成功。直到今天，它还是飞行机器人在发展中国家成功运营的典范。"在非洲，人们对尝试新鲜事物有着巨大的热情，"他说，"在所有行业中，从远程医疗到电气化，市场前景都令人惊叹。好产品正在赢得市场，人们乐于使用它们，行业的发展正在不断跨越我们在西方做的事情。人们总是谈论手机在非洲的成功，但这只是冰山一角。"虽然瑞约贝克也同意，非洲未来的发展主要是使用其他地方制造出来的机器人开展业务，但他也看到了生产能力的可能性，这要归功于这里供应链水平和教育水平的提升。例如，他的公司最近开始在卢旺达现场生产无人机使用的电池组了（正如特斯拉在该领域的大胆计划所显示的那样，电池组在未来的电气化世界中将成为一项重要产业）。

很少有人像乔纳森·莱贾德（Jonathan Ledgard）那样花费那么多精力将机器人技术引入非洲。他是一名记者兼小说家，曾在Afrotech 机构担任过一段时间的主任；Afrotech 是洛桑联邦理工学院的一个智库，专门研究可以应用在非洲的新技术。作为《经济学人》杂志驻东非的记者，莱贾德亲眼看见了移动电话在非洲产生的变革性影响，他开始相信机器人——尤其是无人机——也可以像手机影响信息产品那样，对实体产品产生影响：它们可以帮助公共服务机构和企业绕过地面基础设施薄弱造成的障碍（对于移动电话来讲就是地面线路，对于机器人来讲就是地面道路），直接跨越到下一代技术，而不是一直等着能用上 20 世纪的技术。他花费了很多年的时间与非洲政府、非政府组织和世界银行等国际组织合作，推动有前瞻性的项目，比如无人机机场网络（吸引了大名鼎鼎的建筑师诺曼·福斯特等人的参与），并帮助机器人公司在那里开展业务。而且，他还帮助 Zipline 公司在卢旺达启动

了运营。

莱贾德相信，由于一些趋势的共同作用，机器人将在许多非洲国家的经济转型中发挥重要作用。"其中之一是城市化；城市化意味着仅仅是将物品从 A 点移动到 B 点就越来越成为问题。无人机有意思的地方在于（当然它本身就很有意思）它们是一种廉价的、你负担得起机器人；它们是第一款对很多人来说有实际意义的机器人。"而一旦行走机器人、四足机器人或者可以游泳的机器人开始变得同样"有实际意义"的话（换句话说，变得你负担得起，个人和公司可以在日常生活中都能方便地使用它们），它们同样很快就会在非洲城市中大有作为。莱贾德说，最有意思的变革可能不会发生在特大城市，而是发生在小城镇当中：那些现在有 1 万或 2 万人，但在几十年内将达到 8 万人的城镇当中。"我认为，在这些城镇当中，你真的会看到各种各样的机器人在不停地移动和做事。"

另一个重要的趋势是气候变化，它可能最终会加速机器人在非洲的普及。他指出，工业国家和依赖石油生产的国家，比如沙特阿拉伯，将不得不向南半球国家支付"巨额资金"用于减排和赔偿，以便继续从事和碳排放相关的业务。"我认为，毫无疑问，这些钱中应该有一小部分用于机器人领域——投资研发，投资教育，投资现有的或新的公司。"

根据莱贾德的说法，最终，非洲不必生产成千上万的机器人，它的商业模式可以是基于机器人的服务——特别是在农业、移动通信和能源领域——以及机器人改装和维修业务。"整个非洲有很多非正规的经济体，比如修理摩托车和汽车的小店。类似地，我认为在非洲城镇的小作坊里，会逐渐出现修理机器人的生意，或者将现成的机器人部件组装起来，制造出低成本的机器人小工具，来帮助人类完成许多任务。"莱贾德注意到电子产品领域已经发生了这类事情。人们在市场上购买组件，拆卸和修改计算机主板，这些东西最后做的工作与它们设计时计划做的工作完全不同。"我想象中的未来有些奇怪，看起来有点像《星球大战》（*Star Wars*）电影中的塔图因星球（Tattoine）——一个尘土飞扬、肮脏不堪的地方，许多屋子里都坐满了机器人，它们有的在干活，有的在修理东西。这里仍然不富裕，也不安全，但会有很多技术帮助人们做生意。"

🕐 是快还是慢？

对于我们在上面提出的这些关于机器人行业未来发展的问题，最终的答案取决于这个行业的增长节奏。它的发展是缓慢而渐进式的，还是会因为一些意外的技术进步或突破性产品的推动，突然呈现爆发式的增长？它会在美国经济仍然占主导地位，以及在地缘政治方面仍有影响力的情况下，更早爆发，还是会在中国接管后更晚爆发？机器人产业是否会在一种不同的资本主义制度下运行？例如，一种在技术创新方面国家发挥更大主导作用的资本主义？越来越多的经济学家和政界人士提倡这种新型的资本主义，以应对日益加剧的不平等现象和全球化的挑战。这些都

是没有人能回答的问题。尽管有迹象表明，新冠疫情加速了许多以前对自动化持谨慎态度的行业向自动化转型，比如医疗行业，但我们唯一知道的是，由于时机和必要性，21世纪剩余的时间将是世界经济极不寻常的变革时期，而机器人行业将是这一变革中的一部分。

尾声

会出现什么问题：机器人的伦理学

本书的大部分内容描绘的都是机器人未来的美好图景。它代表了一种对未来的愿景，激励着全世界成千上万的机器人专家们不断探索。书中提到的这些科学家们并不一定认可书中想象的未来场景，但他们无疑都有一套自己的愿景，希望自己的工作能对世界产生积极的影响。

但是我们——以及这本书中提到的那些科学家们——都很清楚，随着机器人走出实验室，情况将变得更加复杂。新技术可以解决问题，但在这个过程中又会产生新的问题。从农业技术到核能应用，人类历史上几乎每一项重要的发明都出现过类似的情况。比如我们每天都能感受到的全球变暖，就是工业技术带来的头号副作用。今天的科学家们不能像过去几个世纪的前辈那样天真，也不能忽视他们的工作可能带来的负面后果，更不能忽视他们的创新可能面临的社会阻力。

科幻小说作家一直在描绘反乌托邦场景。在那里，机器人反抗人类，征服世界，征服他们的前主人。他们借此不断提醒机器人专家们这项工作潜在的风险。最伟大的机器人小说家艾萨克·阿西莫夫写下了著名的机器人三大定律。人们认为应该把它们嵌入机器人的本性当中，来防止发生意外情况：

机器人不得伤害人类，或因不作为而让人类受到伤害。

机器人必须服从人类的命令，除非这些命令与第一定律冲突。

机器人在不违反第一或第二定律的情况下，要尽可能保护自

己的生存。[1]

　　这三条定律旨在确保具有智能和自我意识的机器人不会将自己置于人类之上，并确保它们会为人类服务，而不是为自己或其他机器人服务。

　　如今，大多数机器人专家都同意，这门学科需要制定自己的伦理规则，以确保它创造的机会不会被这个机会带来的负面影响抵消，确保它为大多数人带来的好处不会被其他人因此造成的伤害抵消。但大家也一致认为，这些伦理规则必须比阿西莫夫的三大定律更细致、更复杂。"机器人伦理学"（Roboethics）这一术语是 2004 年在一次国际研讨会上首次出现的，如今成为一个蓬勃发展的研究领域。人们试图找出未来机器人可能与人们在安全、需求和权利方面发生冲突的领域，以及社会可能不愿意接受智能机器人的原因。[2] 这个领域不像阿西莫夫那样关注机器人的伦理问题（给那些现在还不知道在什么地方的、有意识的机器人赋予道德感），而是更关注机器人专家的伦理问题——确保人类在设计、制造、销售和运行机器人时做出符合道德的选择。

　　例如，2010 年，一些欧洲机器人专家向英国工程和物理科学研究委员会（UK Engineering and Physical Sciences Research Council，EPSRC）提交了一套机器人伦理原则的概述，它看起来就像阿西莫夫定律的科学升级版：

　　1. 除非出于国家安全的考虑，否则不应该把机器人设计成武器。

　　2. 机器人的设计和运行应该符合现有法律，包括隐私方面的法律。

3. 机器人是一种产品，所以和其他产品一样，它们的设计必须是安全可靠的。

4. 机器人是人工制品，它们没有情感和意图，不应该制造这些幻觉来伤害脆弱的用户。

5. 对于任何机器人，都应该可以找到对它负责的人。[3]

这里的有些担忧和机器人本身一样古老，但有些担忧，由于出现了本书描述的那些新一代机器人而获得了全新的含义。首先，与工业机器人不同，这些新一代机器人将走出工作场所，更频繁地与人类进行实际接触。其次，它们的自主运动能力更强，更少依赖传统的控制方法，因此行动更不好预测。

对机器人自主运动能力的关注与机器人是否有意识无关。今天，很少有机器人伦理学家会担心阿西莫夫式的场景，会担心具有超级智能和自我意识的机器人会反抗它们的创造者。即使这样的机器人有可能存在，我们离造出它们的那一天还差得很远，关注这个问题其实毫无意义。但机器人专家，以及政治家和普通国民都有充分的理由担心，具有部分自主运动能力的、粗制滥造的机器人，在靠近人类时会做出错误的决定。人们对此有很多担忧——例如，自动驾驶汽车就可能会因为读错了传感器数据而做出错误的决策，酿成大祸。没有一项技术天生就是完美的，但所有技术都在进化。在工程师的监控和分析下，它们会变得更安全、更可靠。如果机器人出了问题，我们需要知道哪里出了问题，是哪一种设计导致了问题的发生。我们必须能够找到对此负责的人，这样机器人的设计师们才有动力把事情做好，并考虑到后果。举个例子，飞机就是用这种办法变得越来越安全的，我们希望机器人也能如此。

艾伦·温菲尔德（Alan Winfield）是机器人认知理论方面的专家。他现在是布里斯托大学机器人伦理学教授，也是向 EPSRC 提交五项伦理学原则的工作组成员。他指出："人们经常谈论机器人的责任，但机器人负不了责。对我来说，真正的问题是如何让机器人的设计者、制造者和运营者负责。这个问题的前提是机器人系统必须是透明的。我们必须能够追踪并解释机器人做出决策的过程。"但是，当使用了现代机器学习技术时，这种解释就变得很棘手了。而在大多数情况下，不管是现在的机器人，还是我们在书中假想的那些机器人，都使用了机器学习技术。人们在智能机器人中越来越多地使用深度学习算法，决策是经过神经元网络内部的几轮试错产生的，这种方式对它们的设计者来说都有些神秘。

"机器人将不可避免地继承机器学习中的问题，"温菲尔德说，"偏见可能是这些问题中最严重的一个。"我们已经知道，面部识别系统、自动翻译系统或自动文本生成器（这些都是目前人工智能最成功的应用）可能会显示出令人担忧的偏见，例如不识别非白人的面孔，或者根据人的职业，在翻译中随意将名词改为阴性或阳性。当这些机器学习技术被用在那些必须与人类进行实际互动的机器人身上时，问题可能会更大。温菲尔德引用了一个自己实验室里的例子。在实验中，研究人员与一群孩子一起使用一台玩具机器人。"这款机器人的一个功能就是学习和识别儿童的面孔。结果，除了一个孩子，机器人可以识别其他所有孩子的面孔，这给那个孩子带来了很大的痛苦。问题是我们不知道它为什么会失败。"如果将这个例子扩展到未来社交机器人与人类进行互动时的情况，就不难发现这个问题的严重程度。机器学习使用的数据中有一点小缺陷，都可能导致机器人依赖刻板印象，忽视少数群体，或者偏爱来自特定种族或文化背景的用户。在最糟糕的情况下，机器人如果未能正确识别周围环境，可能会给人带来人身伤害——例如，当自动驾驶汽车的传感器无法识别路边阴影中的行人时，就会非常危险。

温菲尔德提出了几个解决方案。"为了避免偏见，我们马上要做的一件事就是建立更多的、经过仔细挑选的数据集。"他说，"目前人工智能的问题是，它采用的大数据集是从互联网上简单刮下来的，这是自找麻烦。我们需要开发出一种方法，从现实世界中（例如在概念领会和社交互动时）实时创建数据集——而不是依赖互联网上可以找到的视频等间接数据——我们还需要对它们进行仔细的管理。"更一般地讲，他建议机器人应该警惕完全的、没有模型的机器学习，应该把机器学习和"老式的人工智能算法"结合起来。在这种方法中，系统并不是真的从零开始学习。人们告诉机器人它从机器学习中无法获得的"概念"，告诉它自身和世界的模型，这样可以帮助它更好地预测行为的后果，并将其作为自下而上的学习过程的边界。[4]这个想法是人工智能领域各种广泛争论的一部分；争论的焦点是，深度学习是否真的可以仅从数据的学习中来掌握世界的复杂性，而不需要人类之前的概念。许多科学家认为，有必要在机器学习中加入物理模型，告诉它物体的运动方式和力的知识，这样，它就可以使用这个模型构建安全规则了。温菲尔德相信，为了防止偏见，也应该告诉机器人心理、情感和伦理方面的模型。

温菲尔德还建议，机器人——尤其是那些在人类周围工作的社交机器人——应该有一个"道德黑匣子，相当于飞机的飞行数据记录器（尽管大多数人叫它黑匣子，但它通常是橙色的）"。[5]它会持续记录传感器和其他内部状态的数据，也可能会记录人工智能的决策过程。只要一切正常，这些数据可以定期删除；但如果发生严重事故或明显抱有偏见的行为，则可以下载数据并进行分析。这个盒子的存在，加上在出现问题时，可以由专业人员和指定机构进行系统的分析，会增加用户之间的信任，而且也会使机器人变得更加可靠。

上面说的偏见、模型以及黑匣子这些问题都与机器人如何"看待"人类和世界有关，但另一组问题与人类如何看待机器人有关——特别是如何看待那些具有感知能力，显示出良好自主运动能力的，在一定程度上和生物一样的机器人。人们可能会在无意间认为它们是生物，对它们产生依恋和不切实际的期望，甚至不能自拔。

"在设计上，一个关键的原则是不能让人们以为它们是真人。"温菲尔德说，"我们人类倾向于把东西拟人化。我们知道，即使机器人不像人，也会发生这种情况。设计师应该努力把这种影响降到最低。这对于保护心理脆弱的人群来说尤为重要。"

柏林赫蒂学院（Hertie School）的"伦理学与技术"专业的教授乔安娜·布莱森（Joanna Bryson）指出：

举个例子。原则上，我们可以设计一个交互式的人工智能系统，如果人类不理睬它，它就会表现出"伤心"，但这是一个刻意而且不必要的设计选择……不应该以这种迷惑性的方式来设计机器人，它会伤害到脆弱的用户；相反，人们应该一眼就能看出它们是机器人。它们应该是透明的。这里的"透明"不意味着"开源"，尽管开源通常是有帮助的，但这既不必要，也非充分。这里的"透明"指的是"可理解性"。保持人工智能透明的最基本的方法之一是避免让它看起来像人类。语音电话应该听起来像机器在说话……机器人，甚至性爱机器人，都应该清楚地表明自己是机器，这样我们就不会把严格的从属关系——实际上是所有权——与实际的人际关系联系起来了。[6]

正如凯特·达林说的那样："让我晚上睡不着觉的问题不是性爱机器人是否会取代我们的伴侣；而是制造性爱机器人的公司是否会剥削我们。"[7]

新南威尔士大学（University of New South Wales）的人工智能教授托比·沃尔什（Toby Walsh）建议，机器人身上应该有一个"图灵红旗"。他用早期汽车刚出现时的情况做了一个类比，当时大多数人都不习惯上街还要冒着被汽车撞到的风险。[8] "考虑到机动车对公共安全的影响，英国议会于1865年通过了《道路机车法案》❶。法案要求一个人手拿红旗走在任何机动车辆的前

---

❶ 这个法案也称为《红旗交通法》。"图灵红旗"的"红旗"源于此。——译者注

面，以表明即将到来的危险。"通过类比，他建议："一个自主系统的设计，不应该让人误认为是自主系统以外的任何东西，并且应该在与另一个实体进行任何交互前，表明自己的身份。"这体现在软件上——例如，当与客服沟通时，你始终应该知道你是在与真人说话还是在与人工智能机器人说话；这体现在硬件上——例如，沃尔什建议，自动驾驶的汽车应该悬挂不同的车牌，以便清楚地标识出来。

在机器人伦理学中，最困难的不一定是寻找技术上的解决方案。假设这些方案是有效的，真正的问题是如何实现它们。温菲尔德相信，机器人领域很快就会需要一个标准——一套所有设计师和制造商都必须遵守的通用的设计规则、要求和可以衡量的性能指标。在一个仍处于早期阶段、许多创新尚未发生的领域，政府通过法律强行制定标准的想法让许多科学家感到恼火。2021年，欧盟委员会提出监管人工智能的全面提案时，就碰到了这种情况。欧洲人工智能实验室联盟的成员对此提出了一些担忧，比如对受人工智能影响的公民权利的定义过于模糊，以及这种监管可能会削弱欧洲在该领域的竞争力等。这个例子，和许多其他的例子一样，让我们看到，当今在软件人工智能领域发生的事情，以后同样会在硬件人工智能领域上演。

"但我相信，监管会扼杀创新的说法是无稽之谈，"温菲尔德说，"相反，正如我们在许多行业中看到的那样，精心起草的法规会为创新提供一个框架，并推动创新成为可能。这些标准甚至不用写入法律；大多数人会自愿遵守它们。"他指出，"例如，政府在采购机器人和人工智能系统时，他们可以也应该要求供应商遵守某些标准，其中可能就包括道德黑匣子，并将其作为供应商条款中的一部分。政府对主承包商的要求会沿着供应链传下去。"正如温菲尔德在 2019 年的一篇文章中指出的那样，许可证审批部门、专业机构以及政府都可以采用"柔性治理"的手段来影响人们接受标准。[9] 而且，如果我们今后身处一个竞争激烈的机器人市场中，那么对道德标准的遵守可能会转化为市场优势。

新一代机器人模仿了生物的认知能力和身体能力，这将给社会带来挑战；而机器人伦理学才刚刚触及这些挑战的皮毛。其他问题也会随着新技术的问世而浮出水面。伦理学家、立法者和科学家们都要努力跟上它们的步伐——公众也应该如此。机器人技术比软件技术要难得多，这也许是件好事。与机器学习的某些应用不同，对于机器人，我们确实有时间研究它们的影响，并调整创新的方向。但只有人们一起努力发展机器人技术时，这一点才有可能实现。我们要让实验室中发生的事情与社会中发生的事情不断互动，让人们参与到创新中来，而不是被动地等待。在这本书提出的所有挑战中，这可能是最困难的一个。

致　谢

　　几位科学家和机器人专家花费了宝贵的时间与我们分享了他们对未来的展望。不管书中是否明确引用了他们说的话，他们都为本书做出了贡献：露西亚·贝凯、索尼娅·贝查特、玛丽娜·比尔（Marina Bill）、奥德·比拉德、乔什·邦加德、奥利弗·布洛克、格雷瓜尔·库尔蒂纳、马尔科·赫特、奥克·艾斯佩特、安德拉·基伊、米尔科·科瓦克、丽贝卡·克雷默–波提利奥、拉斐尔·拉利韦（Rafael Lalive）、塞西莉亚·拉斯奇、霍德·利普森、芭芭拉·马佐拉伊、阿里安娜·门西娅西、罗宾·墨菲、拉迪卡·纳格帕尔、布拉德·尼尔森、阿尼巴尔·奥列罗、菲奥伦佐·奥梅内托、丹妮拉·鲁斯、达维德·斯卡拉穆扎、托马斯·施密克、梅廷·西蒂、弗兰克·托比、康纳·沃尔什、艾伦·温菲尔德，以及基南·瑞约贝克。

　　阿莱西奥·托马塞蒂（Alessio Tommasetti）为本书创作了插图。我们希望这些插图可以帮助读者们理解，我们在讲述那些虚构的故事时脑海中未来的样子。我们同时也希望读者们能够自由地畅想自己的未来。

　　最后，非常感谢麻省理工学院出版社的玛丽·L. 李（Marie L. Lee）和伊丽莎白·P. 斯威兹（Elizabeth P. Swayze），他们鼓

机器人之梦
智能机器时代的人类未来

励我们写出这本书，并协助我们在适当的时间内、以适当的篇幅完成本书。同时，我们还由衷地感谢那些匿名审稿人对手稿提出的各种建设性意见和有益的反馈。

- Brooks, Rodney. *Flesh and Machines*. New York: Pantheon Books, 2002.

  （中文版：蔡承志译，《我们都是机器人：人机合一的大时代》，究竟出版社，2003）

  一本介绍生物机器人及其与人类互动的书，可读性极高。

- Darling, Kate. *The New Breed*. New York: Holt, 2021.

  这本书将我们与动物以及新一波智能机器人的关系进行了有趣的类比。

- Floreano, Dario, and Claudio Mattiussi. *Bio-Inspired Artificial Intelligence*. Cambridge, MA: MIT Press, 2008.

  （中文版：程国建、王潇潇、卢胜男、刘天时译，《仿生人工智能》，国防工业出版社，2017）

  本书介绍了在计算机和机器人中灌输生物智能的方法。

- Kelly, Kevin. *Out of Control*. Boston: Addison–Wesley, 1994.

  （中文版：张行舟等译，《时空：全人类的最终命运和结局》，电子工业出版社，2016）

  这本书发人深省，讲述了受生物启发的人工智能和机器的新浪潮。

- Pfeifer, Rolf, and Josh Bongard. *How the Body Shapes the Way*

We Think. Cambridge, MA: MIT Press, 2006.

（中文版：俞文伟译，《身体的智能：智能科学新视角》，科学出版社，2009）

这本书论述了具化在生物智能和人工智能中的重要性。

- Sejnowski, Terry. *The Deep Learning Revolution*. Cambridge, MA: MIT Press, 2018.

（中文版：姜悦兵译，《深度学习：智能时代的核心驱动力量》，中信出版社，2019）

本书介绍了人工神经网络及其应用的新浪潮。

- Siciliano, Bruno, and Oussama Khatib. *Handbook of Robotics*. Berlin: Springer, 2016.

本书由著名的机器人专家用通俗易懂的散文笔法，为研究人员和有抱负的机器人领域从业者系统性地介绍了机器人学的所有领域。

- Winfield, Alan. *Introduction to Robotics*. Oxford: Oxford University Press, 2012.

本书简明扼要、实事求是地描述了机器人是什么、能做什么。

尾注

（扫码查阅。读者邮箱：zkacademy@163.com）